초코
교과서 달달 풀기

초등 수학

1-1

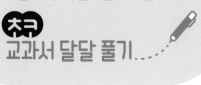

미리 풀고, 다시 풀면서
초등 수학 학습력을 키우는

초코
교과서 달달 풀기

WRITERS

미래엔콘텐츠연구회
No.1 Content를 개발하는 교육 콘텐츠 연구회

COPYRIGHT

인쇄일 2024년 1월 22일(1판1쇄)
발행일 2024년 1월 22일

펴낸이 신광수
펴낸곳 (주)미래엔
등록번호 제16-67호

융합콘텐츠개발실장 황은주
개발책임 정은주 **개발** 장혜승, 이신성, 박새연

디자인실장 손현지
디자인책임 김기욱 **디자인** 이명희

CS본부장 강윤구
제작책임 강승훈

ISBN 979-11-6841-614-7

매일매일
스스로
공부해요.

미리 풀고
다시 풀면서
연습해요.

수학
자신감을
키워요.

수학 공부의 첫 걸음은 개념을 이해하고 익히는 거예요.
"초코 교과서 달달 풀기"와 함께
개념을 학습하고 교과서 문제를 풀어보면
기본을 다질 수 있고, 수학 실력도 쌓을 수 있어요.

자, 그러면 계획을 세워서 수학 공부를 꾸준히 해 볼까요?

 구성과 특징

- 교과서 내용을 바탕으로 개념을 체계적으로 구성하였습니다.
- 학습 내용을 그림이나 도형, 첨삭 등을 이용해 시각적으로 표현하여 이해를 돕습니다.
- 빈칸 채우기, 단답형 등 개념을 바로 적용하고 확인할 수 있는 기본 문제로 구성하였습니다.

- 교과서와 똑 닮은 쌍둥이 문제로 구성하였습니다.
- 학습한 개념을 다양한 문제에 적용해 보면서 개념을 익히고 자신의 부족한 부분을 채울 수 있습니다.

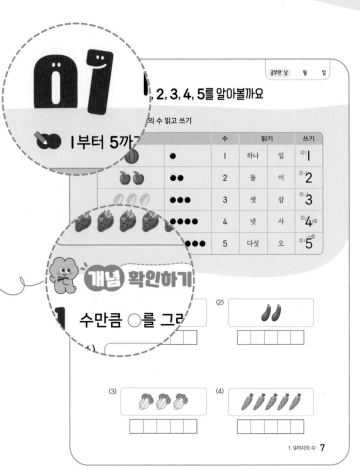

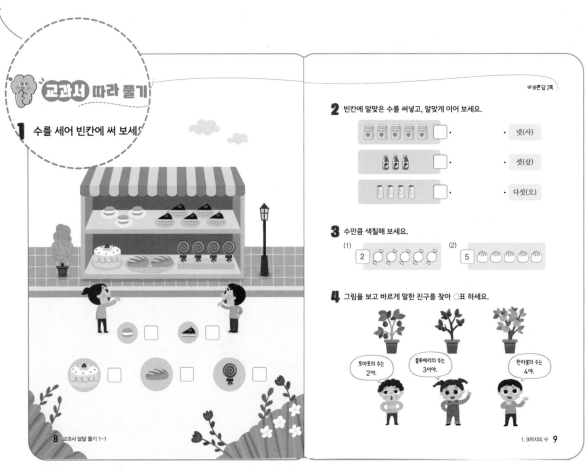

● 응용 문제를 수록하여 문제 푸는 실력을 향상
시킬 수 있도록 하였습니다.

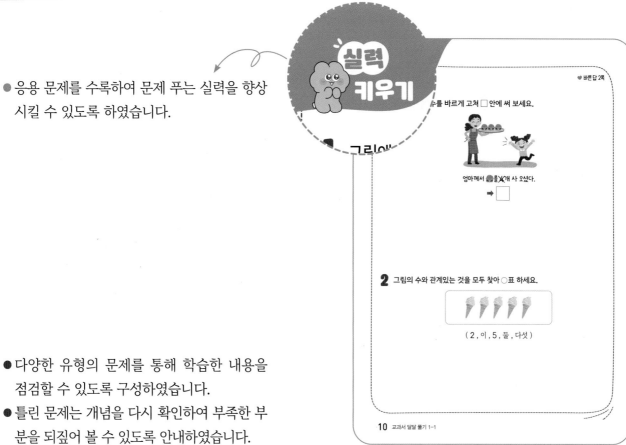

● 다양한 유형의 문제를 통해 학습한 내용을
점검할 수 있도록 구성하였습니다.
● 틀린 문제는 개념을 다시 확인하여 부족한 부
분을 되짚어 볼 수 있도록 안내하였습니다.

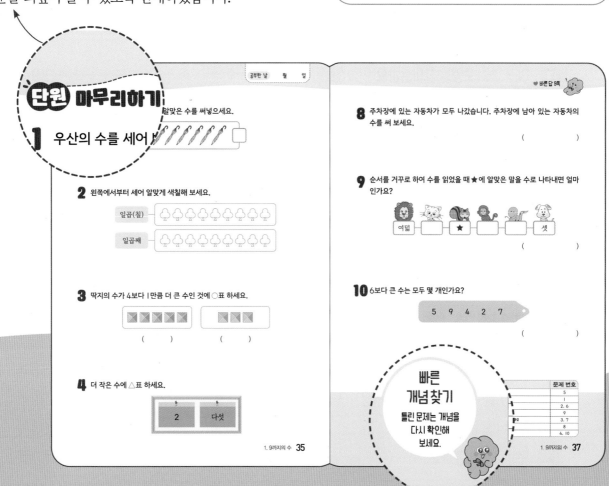

차례

① 9까지의 수

01 1, 2, 3, 4, 5를 알아볼까요 ································· 7쪽

02 6, 7, 8, 9를 알아볼까요 ································· 11쪽

03 순서를 알아볼까요 ································· 15쪽

04 수의 순서를 알아볼까요 ································· 19쪽

05 1만큼 더 큰 수와 1만큼 더 작은 수를 알아볼까요 ······· 23쪽

06 0을 알아볼까요 ································· 27쪽

07 수의 크기를 비교해 볼까요 ································· 31쪽

단원 마무리하기 ································· 35쪽

② 여러 가지 모양

01 여러 가지 모양을 찾아볼까요 ································· 39쪽

02 여러 가지 모양을 알아볼까요 ································· 43쪽

03 여러 가지 모양으로 만들어 볼까요 ················· 47쪽

단원 마무리하기 ································· 51쪽

③ 덧셈과 뺄셈

01 모으기와 가르기를 해 볼까요 (1) ················· 55쪽

02 모으기와 가르기를 해 볼까요 (2) ················· 59쪽

03 이야기를 만들어 볼까요 ································· 63쪽

04 덧셈을 알아볼까요 ································· 67쪽

05 덧셈을 해 볼까요 ································· 71쪽

06 뺄셈을 알아볼까요 ······························· 75쪽

07 뺄셈을 해 볼까요 ································· 79쪽

08 0이 있는 덧셈과 뺄셈을 해 볼까요 ··········· 83쪽

09 덧셈과 뺄셈을 해 볼까요 ······················ 87쪽

단원 마무리하기 ··································· 91쪽

④ 비교하기

01 어느 것이 더 길까요 ···························· 95쪽

02 어느 것이 더 무거울까요 ······················ 99쪽

03 어느 것이 더 넓을까요 ······················· 103쪽

04 어느 것에 더 많이 담을 수 있을까요 ········· 107쪽

단원 마무리하기 ································· 111쪽

⑤ 50까지의 수

01 9 다음 수를 알아볼까요 ······················ 115쪽

02 십몇을 알아볼까요 ···························· 119쪽

03 모으기와 가르기를 해 볼까요 ················ 123쪽

04 10개씩 묶어 세어 볼까요 ···················· 127쪽

05 50까지의 수를 세어 볼까요 ·················· 131쪽

06 50까지 수의 순서를 알아볼까요 ············· 135쪽

07 수의 크기를 비교해 볼까요 ·················· 139쪽

단원 마무리하기 ································· 143쪽

9까지의 수

개념	공부 계획	
01 1, 2, 3, 4, 5를 알아볼까요	월	일
02 6, 7, 8, 9를 알아볼까요	월	일
03 순서를 알아볼까요	월	일
04 수의 순서를 알아볼까요	월	일
05 1만큼 더 큰 수와 1만큼 더 작은 수를 알아볼까요	월	일
06 0을 알아볼까요	월	일
07 수의 크기를 비교해 볼까요	월	일
단원 마무리하기	월	일

07 1, 2, 3, 4, 5를 알아볼까요

✏️ 1부터 5까지의 수 읽고 쓰기

		수	읽기		쓰기
🍉	●	1	하나	일	①↓1
🍎🍎	●●	2	둘	이	①↗2
🍈🍈🍈	●●●	3	셋	삼	①3
🍑🍑🍑🍑	●●●●	4	넷	사	①↙4↓②
🍓🍓🍓🍓🍓	●●●●●	5	다섯	오	①↓→②5

🥕 **개념 확인하기**

1 수만큼 ○를 그려 보세요.

(1)

(2)

(3)

(4)

1 수를 세어 빈칸에 써 보세요.

2 빈칸에 알맞은 수를 써넣고, 알맞게 이어 보세요.

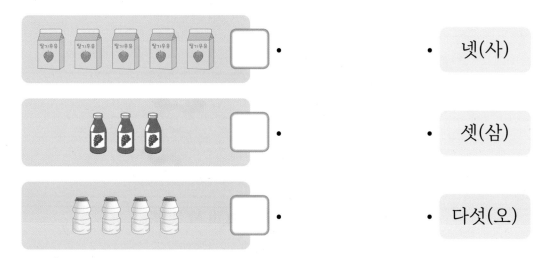

- 넷(사)
- 셋(삼)
- 다섯(오)

3 수만큼 색칠해 보세요.

(1)

2

(2)

5

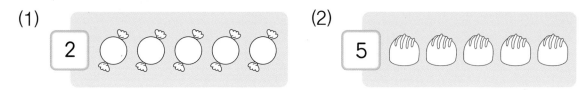

4 그림을 보고 바르게 말한 친구를 찾아 ○표 하세요.

토마토의 수는 2야.

블루베리의 수는 3이야.

한라봉의 수는 4야.

1 그림에 맞게 수를 바르게 고쳐 ☐ 안에 써 보세요.

엄마께서 를 4̶개 사 오셨다.

➡ ☐

2 그림의 수와 관계있는 것을 모두 찾아 ○표 하세요.

(2 , 이 , 5 , 둘 , 다섯)

6, 7, 8, 9를 알아볼까요

6부터 9까지의 수 읽고 쓰기

		수	읽기		쓰기
🦋🦋🦋🦋🦋🦋	●●●●●●●	6	여섯	육	①↙6
🐝🐝🐝🐝🐝🐝🐝	●●●●●●●	7	일곱	칠	①↓7②
🐝🐝🐝🐝🐝🐝🐝🐝	●●●●●●●●	8	여덟	팔	8①
🐞🐞🐞🐞🐞🐞🐞🐞🐞	●●●●●●●●●	9	아홉	구	9①

개념 확인하기

1 수만큼 ○를 그려 보세요.

(1)
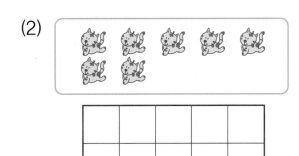

(2)

(3)
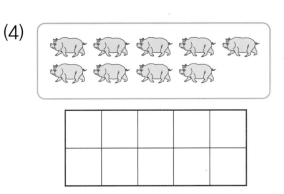

(4)

1 수를 세어 빈칸에 써 보세요.

2 빈칸에 알맞은 수를 써넣고, 알맞게 이어 보세요.

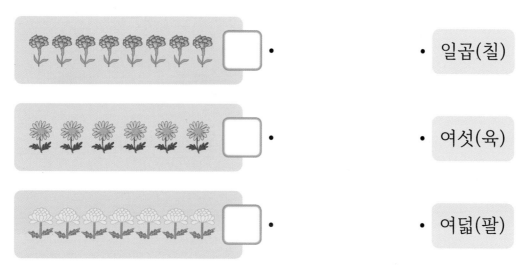

- 일곱(칠)

- 여섯(육)

- 여덟(팔)

3 수만큼 색칠해 보세요.

(1) 6

(2) 9

4 그림을 보고 잘못 말한 친구를 찾아 △표 하세요.

나뭇가지 위에 앉아 있는 새의 수는 3이야.

전체 새의 수는 8이야.

1 그림의 수와 관계있는 것을 모두 찾아 ○표 하세요.

(6 , 아홉 , 9 , 일곱 , 여섯)

2 ☐ 안의 수만큼 고래를 묶고, 묶지 않은 고래의 수를 써 보세요.

7

(   )

03 순서를 알아볼까요

수로 순서 말하기

| 1 | 2 | 3 | 4 | 5 | 6 | 7 | 8 | 9 |
| 첫째 | 둘째 | 셋째 | 넷째 | 다섯째 | 여섯째 | 일곱째 | 여덟째 | 아홉째 |

지훈   지혜   세나   준호   은지   태훈   성민   하영   영식

- 지훈이는 첫째에 서 있습니다. 첫째를 수로 나타내면 1입니다.
- 성민이는 일곱째에 서 있습니다. 일곱째를 수로 나타내면 7입니다.

기준을 넣어 순서 말하기

왼쪽   첫째 둘째 셋째 넷째 다섯째

다섯째 넷째 셋째 둘째 첫째   오른쪽

- ▨는 왼쪽에서 둘째입니다.
- ▨는 오른쪽에서 넷째입니다.

개념 확인하기

1 순서에 알맞게 이어 보세요.

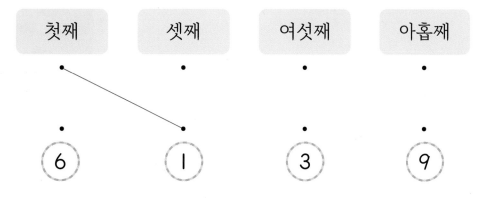

첫째   셋째   여섯째   아홉째

6   1   3   9

2 왼쪽에서 넷째에 ○표 하세요.

왼쪽 ☆ ☆ ☆ ☆ ☆ ☆ 오른쪽

1 순서에 알맞게 이어 보세요.

| 2 | 5 | 4 | 8 |

첫째

2 알맞게 이어 보세요.

위

위에서 셋째 •

아래에서 셋째 •

아래

3 빈칸에 알맞은 수를 써넣으세요.

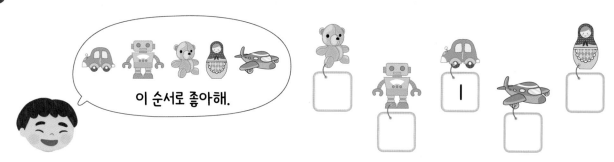

이 순서로 좋아해.

4 보기와 같이 색칠해 보세요.

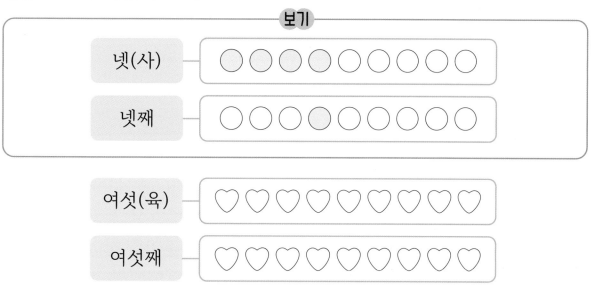

보기

넷(사)

넷째

여섯(육)

여섯째

5 □ 안에 알맞은 말을 써넣으세요.

왼쪽

오른쪽

왼쪽에서 첫째 집게에
내 그림이 걸려 있어.

내가 그린
그림이야.

지수

지수의 그림은 왼쪽에서 □째, 오른쪽에서 □째 집게에 걸려 있습니다.

1 민정이는 🌸이 표시된 서랍에 수첩을 넣으려고 합니다. ☐ 안에 알맞은 말을 써넣으세요.

위

아래

민정

나는 수첩을
위에서 ☐째
서랍에 넣을 거야.

2 하준이는 오른쪽에서 일곱째에 서 있습니다. 하준이를 찾아 ○표 하세요.

왼쪽

오른쪽

수의 순서를 알아볼까요

✍ **1부터 9까지의 수를 순서대로 쓰기**

1 다음 수는 2, 2 다음 수는 3, 3 다음 수는 4, ……, 7 다음 수는 8, 8 다음 수는 9 입니다. 1부터 9까지의 수를 순서대로 쓰면 다음과 같습니다.

✍ **9부터 수의 순서를 거꾸로 세어 1까지 쓰기**

9부터 1까지의 수를 거꾸로 쓰면 다음과 같습니다.

1 순서에 맞게 빈칸에 알맞은 수를 써넣으세요.

2 순서를 거꾸로 하여 빈칸에 알맞은 수를 써넣으세요.

(1)

1 수를 순서대로 이어 보세요.

♥ 바른 답 5쪽

2 수를 순서대로 쓰고, 색칠해 보세요.

1 수의 순서대로 번호를 써넣으세요.

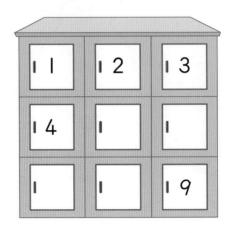

2 순서를 거꾸로 하여 7 부터 수 카드를 놓으려고 합니다. 색칠한 칸에 놓을 수 카드의 수를 써 보세요.

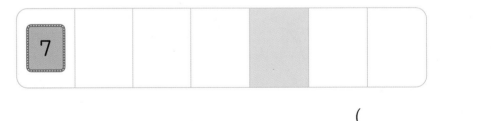

(   )

05 I만큼 더 큰 수와 I만큼 더 작은 수를 알아볼까요

 4보다 I만큼 더 큰 수와 I만큼 더 작은 수 알아보기

③ 3 ④ 4 ⑤ 5

4보다 I만큼 더 작은 수　　　　　　　4보다 I만큼 더 큰 수

> 수를 순서대로 썼을 때 바로 뒤의 수가 I만큼 더 큰 수이고, 바로 앞의 수가 I만큼 더 작은 수입니다.

개념 확인하기

1 2보다 I만큼 더 작은 수와 I만큼 더 큰 수만큼 ○를 그리고, 빈칸에 알맞은 수를 써넣으세요.

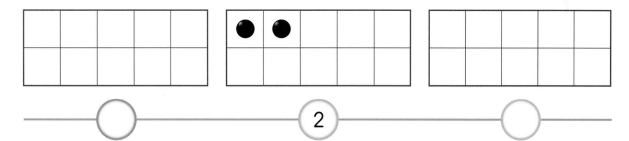

○ ②2 ○

2 6보다 I만큼 더 작은 수와 I만큼 더 큰 수만큼 ○를 그리고, 빈칸에 알맞은 수를 써넣으세요.

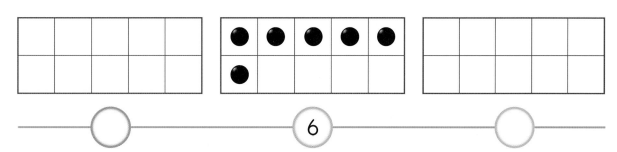

○ ⑥6 ○

1 보기 와 같은 방법으로 색칠해 보세요.

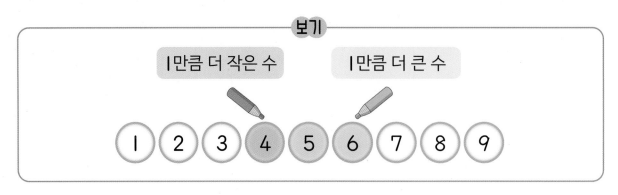

(1)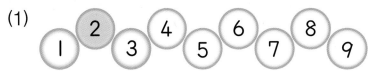

(2)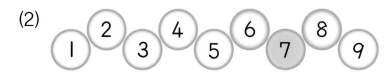

2 빈칸에 알맞은 수를 써넣으세요.

(1)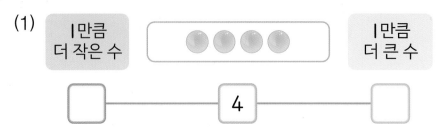

(2)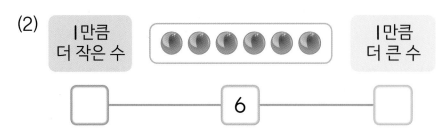

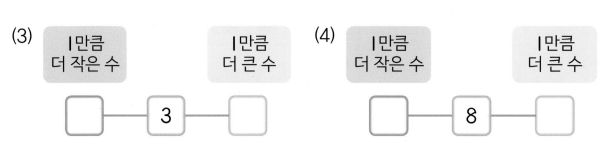

❤ 바른답 6쪽

3 □ 안에 알맞은 수를 써넣으세요.

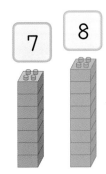

(1) 8은 ☐ 보다 1만큼 더 큰 수입니다.

(2) 7은 ☐ 보다 1만큼 더 작은 수입니다.

4 그림을 보고 빈칸에 알맞은 수를 써넣으세요.

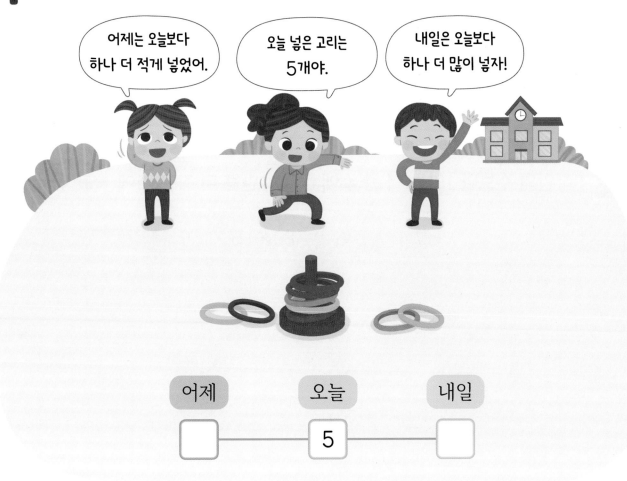

1 ☐ 안에 알맞은 수를 써넣으세요.

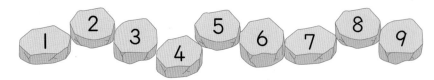

4는 ☐ 보다 l만큼 더 큰 수이고, ☐ 보다 l만큼 더 작은 수입니다.

2 ☐ 안의 수보다 l만큼 더 큰 수에 ○표, l만큼 더 작은 수에 △표 하세요.

| 7 | 6 8 5 9 |

0을 알아볼까요

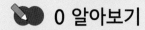 0 알아보기

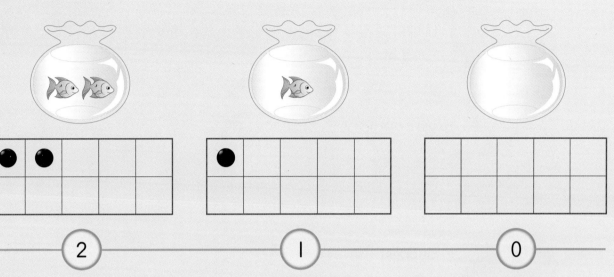

아무것도 없는 것 ➡ **쓰기** ①0   **읽기** 영

1 □ 안에 알맞은 수나 말을 써넣으세요.

아무것도 없는 것을 □이라 쓰고 □이라고 읽습니다.

2 □ 안에 알맞은 수나 말을 써넣으세요.

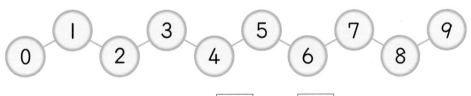

1보다 1만큼 더 작은 수는 □이고 □이라고 읽습니다.

1 빈칸에 알맞은 수를 써넣으세요.

2 펼친 손가락의 수를 세어 빈칸에 써 보세요.

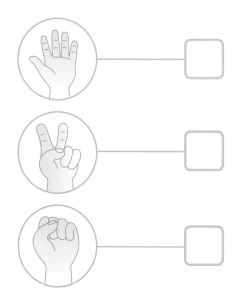

3 쓰러진 볼링 핀의 수를 세어 빈칸에 써 보세요.

4 그림을 보고 이야기를 완성해 보세요.

지호가 풍선을 ☐개 들고 있었는데 모두 놓쳤습니다.

지호에게 남은 풍선은 ☐개입니다.

1 화분의 수보다 I만큼 더 작은 수를 써 보세요.

(   )

2 바구니에 담긴 과일의 수를 잘못 말한 친구를 찾아 △표 하세요.

I보다 I만큼
더 큰 수

I보다 I만큼
더 작은 수

수의 크기를 비교해 볼까요

🍎 8과 5의 크기 비교하기

방법① 수를 세어 두 수의 크기 비교하기

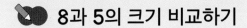

・ 🐰 은 ✏ 보다 많습니다. ➡ 8은 5보다 큽니다.

・ ✏ 은 🐰 보다 적습니다. ➡ 5는 8보다 작습니다.

방법② 수의 순서로 두 수의 크기 비교하기

① ─ ② ─ ③ ─ ④ ─ ⑤ ─ ⑥ ─ ⑦ ─ ⑧ ─ ⑨

・ 8은 5보다 뒤의 수입니다. ➡ 8은 5보다 큽니다.
・ 5는 8보다 앞의 수입니다. ➡ 5는 8보다 작습니다.

> 수를 순서대로 썼을 때 뒤에 있을수록 큰 수이고 앞에 있을수록 작은 수야.

개념 확인하기

1 그림을 보고 알맞은 말에 ○표 하세요.

🪑는 🪑보다 (많습니다 , 적습니다). ➡ 6은 4보다 (큽니다 , 작습니다).

2 알맞은 말에 ○표 하세요.

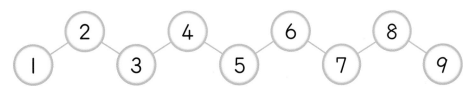

7은 9보다 (앞 , 뒤)의 수입니다. ➡ 7은 9보다 (큽니다 , 작습니다).

1 수를 세어 빈칸에 써넣고, 알맞은 말에 ○표 하세요.

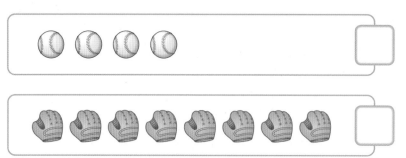

(1) 🏐 은 🧤 보다 (많습니다 , 적습니다).

➡ 4는 ☐ 보다 (큽니다 , 작습니다).

(2) 🧤 는 🏐 보다 (많습니다 , 적습니다).

➡ ☐ 은 4보다 (큽니다 , 작습니다).

2 수만큼 ○를 그리고, 알맞은 말에 ○표 하세요.

(1)

| 3 |
| 7 |

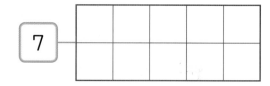

• 3은 7보다 (큽니다 , 작습니다).

• 7은 3보다 (큽니다 , 작습니다).

(2)

| 9 |
| 5 |

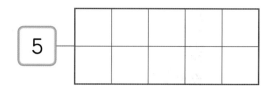

• 9는 5보다 (큽니다 , 작습니다).

• 5는 9보다 (큽니다 , 작습니다).

3 더 큰 수에 색칠해 보세요.

(1)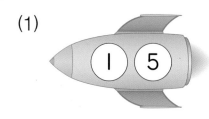

(2)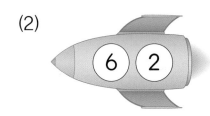

4 ◯ 안의 수보다 큰 수에 ◯표, 작은 수에 △표 하세요.

(1)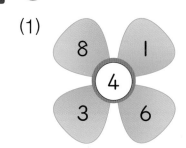

(2)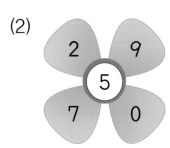

5 유정이가 고른 3장의 수 카드를 보고 ☐ 안에 알맞은 수를 써넣으세요.

유정

4, 0, 9 중에서 가장 큰 수는 ☐ 이고, 가장 작은 수는 ☐ 입니다.

♥ 바른 답 8쪽

1 3보다 작은 수에 모두 색칠해 보세요.

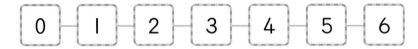

2 귤을 서진이는 9개 먹었고 연재는 7개 먹었습니다. 귤을 더 많이 먹은 친구의 이름을 써 보세요.

(   )

1 우산의 수를 세어 빈칸에 알맞은 수를 써넣으세요.

2 왼쪽에서부터 세어 알맞게 색칠해 보세요.

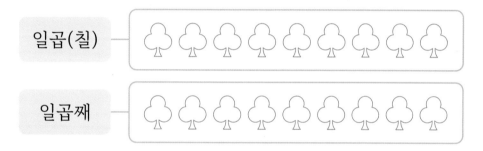

일곱(칠)

일곱째

3 딱지의 수가 4보다 1만큼 더 큰 수인 것에 ○표 하세요.

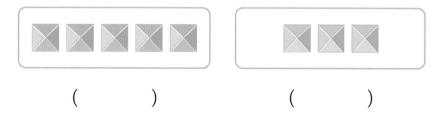

(   )   (   )

4 더 작은 수에 △표 하세요.

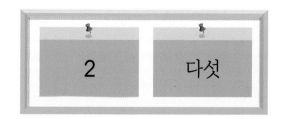

| 2 | 다섯 |

5 과자, 사탕, 초콜릿 중에서 수가 2인 것을 찾아 써 보세요.

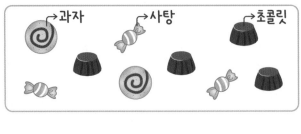

(   )

6 왼쪽에서 셋째에 있는 과일은 오른쪽에서 몇째에 있나요?

왼쪽 🍇 🍎 🍅 🍈 🍊 🍌 오른쪽

(   )

7 나타내는 수가 다른 하나를 찾아 색칠해 보세요.

8보다 I만큼 더 작은 수

구

6보다 I만큼 더 큰 수

8 주차장에 있는 자동차가 모두 나갔습니다. 주차장에 남아 있는 자동차의 수를 써 보세요.

(   )

9 순서를 거꾸로 하여 수를 읽었을 때 ★에 알맞은 말을 수로 나타내면 얼마인가요?

| 여덟 | | ★ | | | 셋 |

(   )

10 6보다 큰 수는 모두 몇 개인가요?

5   9   4   2   7

(   )

**빠른
개념 찾기**

틀린 문제는 개념을
다시 확인해
보세요.

개념	문제 번호
01 1, 2, 3, 4, 5를 알아볼까요	5
02 6, 7, 8, 9를 알아볼까요	1
03 순서를 알아볼까요	2, 6
04 수의 순서를 알아볼까요	9
05 1만큼 더 큰 수와 1만큼 더 작은 수를 알아볼까요	3, 7
06 0을 알아볼까요	8
07 수의 크기를 비교해 볼까요	4, 10

여러 가지 모양

개념	공부 계획
01 여러 가지 모양을 찾아볼까요	월 일
02 여러 가지 모양을 알아볼까요	월 일
03 여러 가지 모양으로 만들어 볼까요	월 일
단원 마무리하기	월 일

여러 가지 모양을 찾아볼까요

■, ▉, ● 모양 찾아보기

개념 확인하기

같은 모양을 찾을 때는 크기, 방향, 색깔은 생각하지 않고 모양만 생각해.

1 물건을 보고 □ 안에 알맞은 기호를 써 보세요.

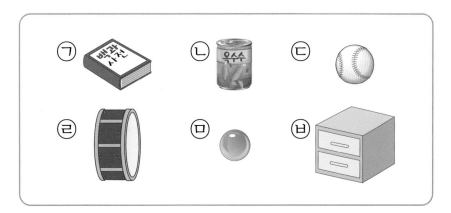

(1) ■ 모양에는 □, □ 이 있습니다.

(2) ▉ 모양에는 □, □ 이 있습니다.

(3) ● 모양에는 □, □ 이 있습니다.

1 왼쪽과 같은 모양에 ○표 하세요.

(1)

(2)

2 같은 모양끼리 모은 것에 ○표 하세요.

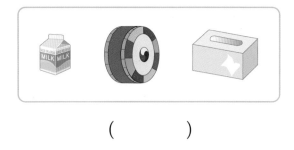

(   )

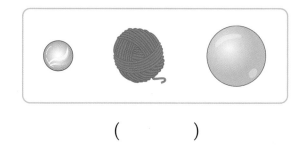

(   )

3 수학책과 같은 모양을 찾아 ○표 하세요.

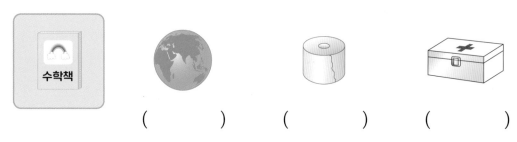

(   )   (   )   (   )

♥ 바른 답 10쪽

4 같은 모양끼리 이어 보세요.

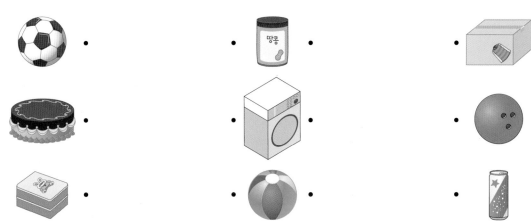

5 공과 같은 모양이 있는 칸을 모두 색칠해 보세요.

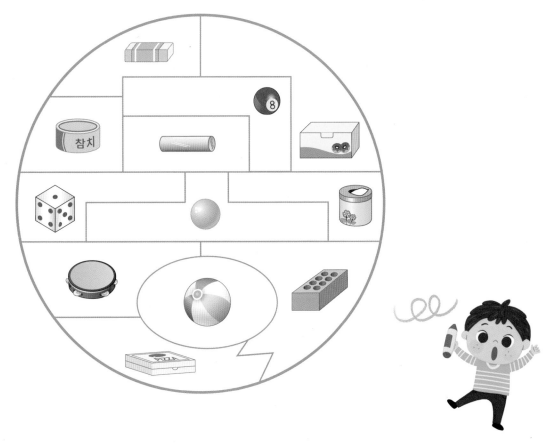

1 모양이 나머지와 다른 하나를 찾아 ○표 하세요.

(   )   (   )   (   )   (   )

2 모양의 이름으로 정하면 좋은 것을 찾아 이어 보세요.

모양 •　　　• 둥근 기둥 모양

모양 •　　　• 상자 모양

 여러 가지 모양을 알아볼까요

 , 모양 알아보기

모양	알 수 있는 것
평평한 부분이 있습니다.↓ ↑ 뾰족한 부분이 있습니다.	• 평평한 부분이 있어서 여러 방향으로 잘 쌓을 수 있습니다. • 둥근 부분이 없어서 잘 굴러가지 않습니다.
평평한 부분이 있습니다.↓ ↑ 둥근 부분이 있습니다.	• 평평한 부분으로 쌓으면 잘 쌓을 수 있습니다. • 눕혀서 굴리면 잘 굴러갑니다.
평평한 부분이 없습니다.↓ ↑ 둥근 부분만 있습니다.	• 평평한 부분이 없어서 잘 쌓을 수 없습니다. • 모든 부분이 둥글기 때문에 잘 굴러갑니다.

 개념 확인하기

1 알맞은 모양에 ◯표 하세요.

(1) 둥근 부분만 있는 모양은 (▢ , ▢ , ◯)입니다.

(2) 둥근 부분과 평평한 부분이 있는 모양은 (▢ , ▢ , ◯)입니다.

2 설명이 맞으면 ◯표, 틀리면 ✕표 하세요.

(1) ▢ 모양은 잘 쌓을 수 있습니다. ( )

(2) ▢ 모양은 굴러가지 않습니다. ( )

1 윤정이가 상자 속에서 잡은 물건에 ○표 하세요.

2 설명에 알맞은 모양의 물건을 찾아 ○표 하세요.

(1) 평평한 부분도 있고 둥근 부분도 있습니다.

(2) 모든 부분이 둥급니다.

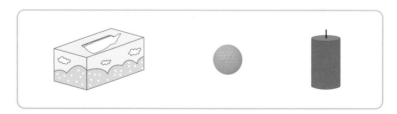

♥ 바른답 11쪽

3 알맞은 것끼리 이어 보세요.

4 진우가 자전거를 타려고 할 때 어떤 일이 생길지 써 보세요.

_____

_____

1 상자 안에 있는 모양과 같은 모양의 물건을 찾아 ○표 하세요.

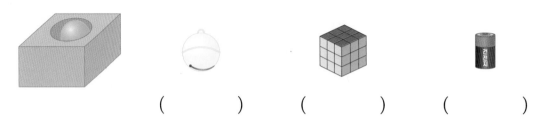

(   )   (   )   (   )

2 잘 쌓을 수 있고 잘 굴러가기도 하는 모양의 물건은 모두 몇 개인가요?

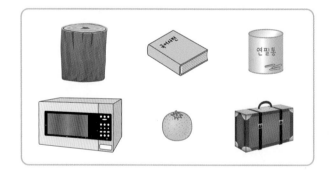

(   )

 여러 가지 모양으로 만들어 볼까요

 모양으로 만들기

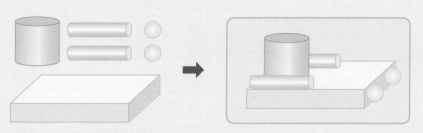

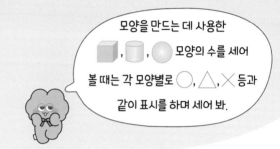

🔲 모양 1개, 🔘 모양 3개, ⚪ 모양 2개를 이용하여 모양을 만들었습니다.

> 모양을 만드는 데 사용한
> 🔲 , 🔘 , ⚪ 모양의 수를 세어
> 볼 때는 각 모양별로 ◯, △, ✕ 등과
> 같이 표시를 하며 세어 봐.

 개념 확인하기

1~2 의자 모양을 만든 것입니다. 물음에 답하세요.

1 모양을 만드는 데 사용한 모양에 ◯표 하세요.

(🔲 , 🔘 , ⚪)

2 모양을 만드는 데 사용한 🔘 모양은 몇 개인가요?

(　　　　　　)

1 사용한 모양을 모두 찾아 ○표 하세요.

(1)

(▨ , ▯ , ◯)

(2)

(▨ , ▯ , ◯)

2 ▨, ▯, ◯ 모양을 찾아 몇 개인지 써 보세요.

(1)

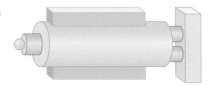

▨ 모양	▯ 모양	◯ 모양

(2)

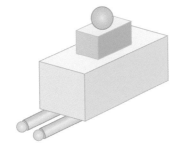

▨ 모양	▯ 모양	◯ 모양

3 왼쪽의 모양을 모두 사용하여 만든 것을 찾아 이어 보세요.

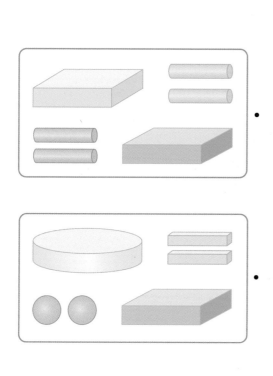

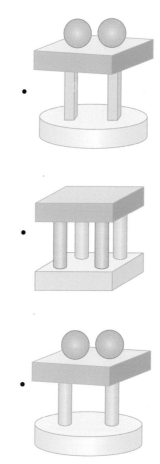

4 서로 다른 부분을 모두 찾아 ○표 하세요.

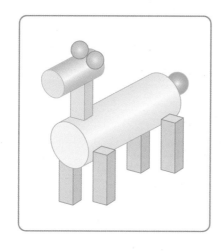

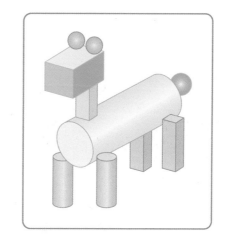

1 모양을 만드는 데 사용하지 않은 모양을 찾아 △표 하세요.

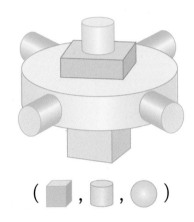

(▢ , ▢ , ○)

2 ▢ , ▢ , ○ 모양 중에서 6개를 사용한 모양에 ○표 하세요.

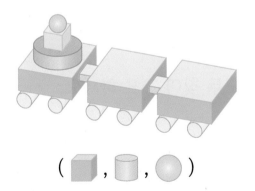

(▢ , ▢ , ○)

단원 마무리하기

1  모양에 ○표 하세요.

(   )   (   )   (   )

2 방울과 같은 모양에 대한 설명으로 옳은 것을 찾아 기호를 써 보세요.

방울

⊙ 잘 쌓을 수 있습니다.
ⓒ 잘 굴러갑니다.

(   )

3 모양을 만드는 데 사용한  모양은 몇 개인가요?

(   )

4 📦, 🥫, ⚪ 모양 중에서 가장 많은 모양을 찾아 ○표 하세요.

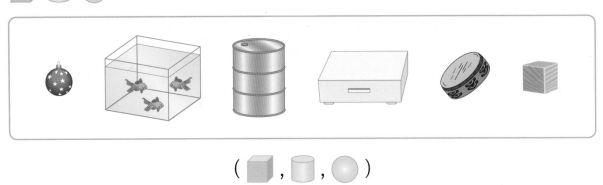

(📦 , 🥫 , ⚪)

5 관계있는 것끼리 이어 보세요.

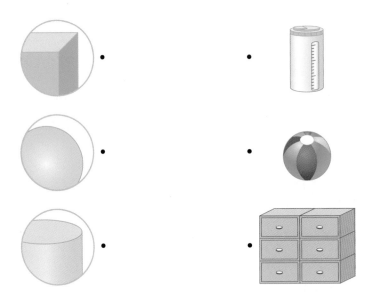

6 📦, 🥫, ⚪ 모양 중에서 가장 적게 사용한 모양은 몇 개인가요?

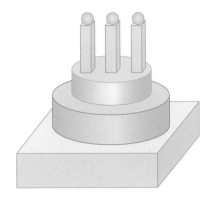

(   )

7 평평한 부분이 있는 물건을 모두 찾아 기호를 써 보세요.

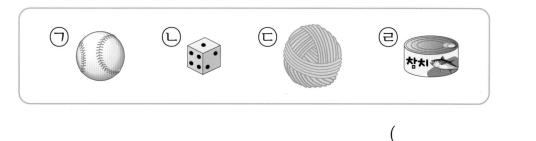

(   )

8 ⬛ 모양을 4개, ⬜ 모양을 3개, ⚪ 모양을 2개 사용하여 만든 모양을 찾아 기호를 써 보세요.

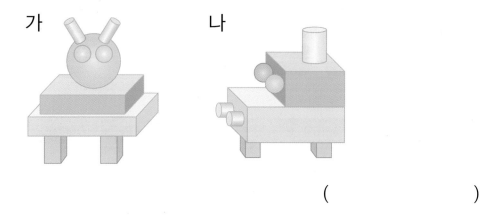

(   )

**빠른
개념 찾기**

틀린 문제는 개념을
다시 확인해
보세요.

개념	문제 번호
01 여러 가지 모양을 찾아볼까요	1, 4
02 여러 가지 모양을 알아볼까요	2, 5, 7
03 여러 가지 모양으로 만들어 볼까요	3, 6, 8

3 덧셈과 뺄셈

개념	공부 계획
01 모으기와 가르기를 해 볼까요 (1)	월 일
02 모으기와 가르기를 해 볼까요 (2)	월 일
03 이야기를 만들어 볼까요	월 일
04 덧셈을 알아볼까요	월 일
05 덧셈을 해 볼까요	월 일
06 뺄셈을 알아볼까요	월 일
07 뺄셈을 해 볼까요	월 일
08 0이 있는 덧셈과 뺄셈을 해 볼까요	월 일
09 덧셈과 뺄셈을 해 볼까요	월 일
단원 마무리하기	월 일

모으기와 가르기를 해 볼까요(1)

🖌 모으기하여 수로 나타내기

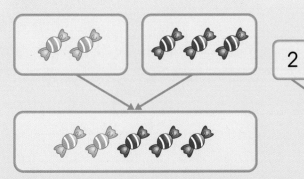

사탕 2개와 3개를 모으기하면 5개입니다.

➡ 2와 3을 모으기하면 5가 됩니다.

🖌 가르기하여 수로 나타내기

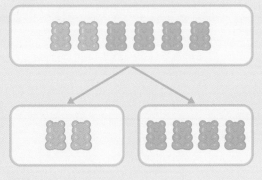

젤리 6개를 2개와 4개로 가르기 할 수 있습니다.

➡ 6은 2와 4로 가르기할 수 있습니다.

개념 확인하기

1~2 빈칸에 알맞은 수만큼 ○를 그리고, □ 안에 알맞은 수를 써넣으세요.

1

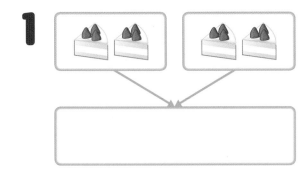

조각케이크 2조각과 2조각을 모으기하면

□조각입니다.

➡ 2와 2를 모으기하면 □가 됩니다.

2

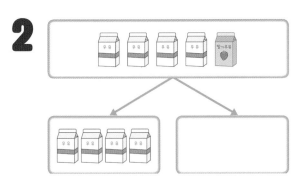

우유 5개를 4개와 □개로 가르기할 수 있습니다.

➡ 5는 4와 □로 가르기할 수 있습니다.

1 그림을 보고 모으기를 해 보세요.

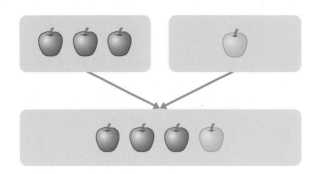

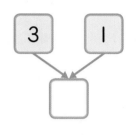

2 그림을 보고 가르기를 해 보세요.

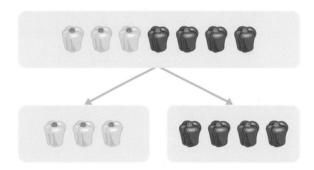

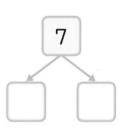

3 모으기를 해 보세요.

(1)

(2)

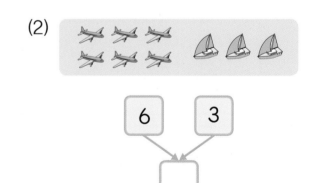

4 가르기를 해 보세요.

(1)

```
      4
     / \
    1   □
```

(2)

```
      9
     / \
    5   □
```

5 두 가지 색으로 칸을 칠하고, 빈칸에 수를 써넣으세요.

| ① | | | | | | ④ |

6 점 6개를 가르기하여 그려 보세요.

(1)

(2)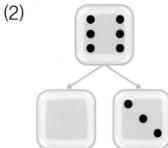

1 양쪽의 점의 수를 모으기하면 7이 되는 것을 찾아 ○표 하세요.

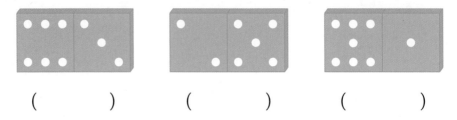

(   )   (   )   (   )

2 가르기를 해 보세요.

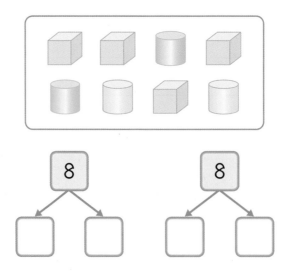

모으기와 가르기를 해 볼까요 (2)

두 수를 모으기하여 3 만들기

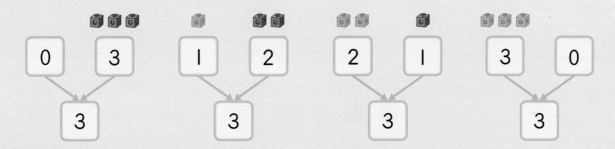

3을 두 수로 가르기

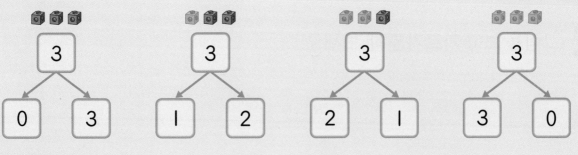

1~2 빈칸에 알맞은 수를 써넣으세요.

1

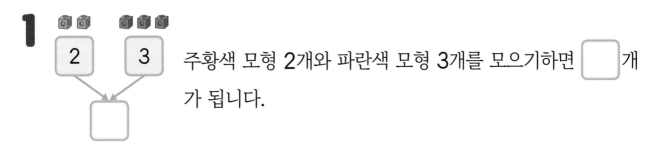

주황색 모형 2개와 파란색 모형 3개를 모으기하면 ☐개
가 됩니다.

2

5

모형 5개는 주황색 모형 ☐개와 파란색 모형 ☐개로
가르기할 수 있습니다.

4 ☐

1 그림을 보고 모으기를 해 보세요.

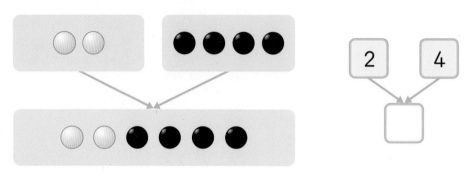

2 그림을 보고 가르기를 해 보세요.

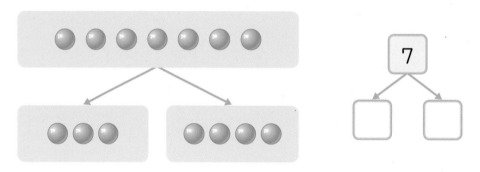

3 모으기를 해 보세요.

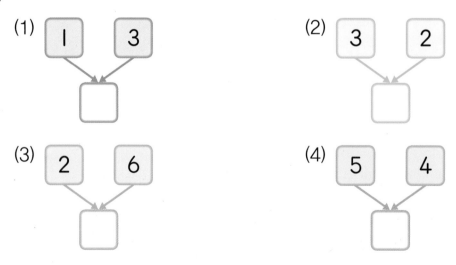

(1) 1 3

(2) 3 2

(3) 2 6

(4) 5 4

4 가르기를 해 보세요.

(1)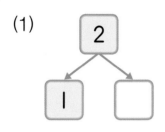

(2)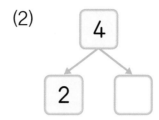

(3)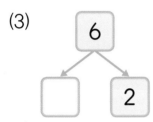

(4)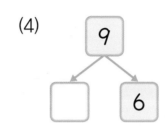

5 모으기를 하여 6이 되도록 두 수를 묶어 보세요.

4	2	1
5	3	3
1	6	2

6 대화를 읽고 두 친구가 들고 있는 카드에 알맞은 수를 각각 써 보세요.

내 카드의 수가 더 작아.

두 수를 모으기 하면 3이야.

1 두 수를 모으기한 수가 다른 하나를 찾아 기호를 써 보세요.

ㄱ 2와 2   ㄴ 1과 4   ㄷ 3과 1

(   )

2 색종이 8장을 정희와 동생이 나누어 가졌습니다. 정희가 5장을 가졌다면 동생이 가진 색종이는 몇 장인가요?

(   )

03 이야기를 만들어 볼까요

✏️ **그림을 보고 덧셈과 뺄셈 이야기 만들기**

(1) 덧셈 이야기 만들기

그네를 타고 있는 남자 어린이는 1명, 여자 어린이는 2명입니다. 어린이는 모두 3명입니다.

(2) 뺄셈 이야기 만들기

호랑이 흔들 놀이 기구는 4개, 토끼 흔들 놀이 기구는 2개 있습니다. 호랑이 흔들 놀이 기구는 토끼 흔들 놀이 기구보다 2개 더 많습니다.

 **개념 확인하기**

1 그림을 보고 만든 이야기입니다. ☐ 안에 알맞은 수를 써넣으세요.

(1)

코끼리 열차에 3명이 타려고 하는데 ☐명이 더 오고 있습니다. 코끼리 열차에 타려는 사람은 모두 ☐명입니다.

(2)

코끼리 열차에 4명이 타고 있었는데 ☐명이 내렸습니다. 남은 사람은 ☐명입니다.

1~2 그림을 보고 만든 덧셈 이야기입니다. ☐ 안에 알맞은 수를 써넣으세요.

1

나뭇가지에 앉아 있는 원숭이가 ☐마리, 매달려 있는 원숭이가 ☐마리 있습니다. 원숭이는 모두 ☐마리입니다.

2

꽃밭에 나비가 ☐마리 있었는데 ☐마리가 더 날아왔습니다. 꽃밭에 있는 나비는 모두 ☐마리입니다.

3~4 그림을 보고 만든 뺄셈 이야기입니다. □ 안에 알맞은 수를 써넣으세요.

3

서 있는 사람은 □명, 앉아 있는 사람은 □명 있습니다. 서 있는 사람은 앉아 있는 사람보다 □명 더 적습니다.

4

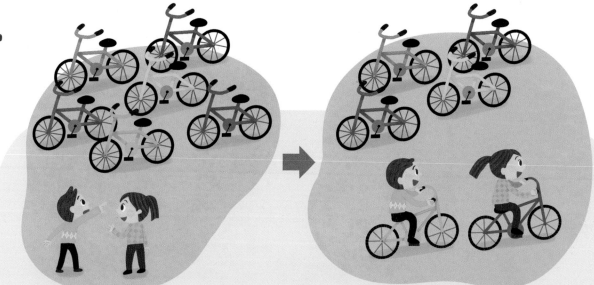

자전거 6대 중 □대를 친구들이 타고 갔습니다. 남은 자전거는 □대입니다.

1 그림을 보고 덧셈 이야기를 만들어 보세요.

_____

_____

2 그림을 보고 뺄셈 이야기를 만들어 보세요.

_____

_____

덧셈을 알아볼까요

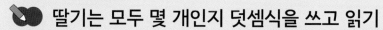

딸기는 모두 몇 개인지 덧셈식을 쓰고 읽기

3+1

4

쓰기 3+1=4

읽기 ┌ 3 더하기 1은 4와 같습니다.
     └ 3과 1의 합은 4입니다.

더하기는 + 로 같다는 =로 나타내.

1 참외는 모두 몇 개인지 덧셈식을 쓰고 읽어 보세요.

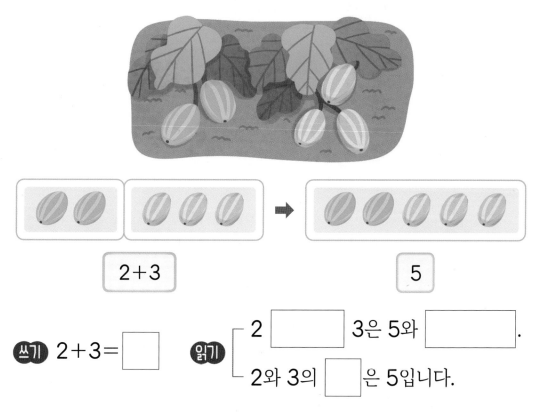

2+3

5

쓰기 2+3=☐

읽기 ┌ 2 ☐ 3은 5와 ☐ .
     └ 2와 3의 ☐ 은 5입니다.

1 알맞은 것끼리 이어 보세요.

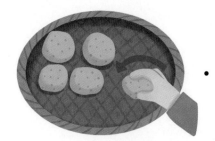

• 　　　• $2+4=6$

• 　　　• $4+1=5$

2 덧셈식을 써 보세요.

(1)

$1+\boxed{}=\boxed{}$

(2)

$\boxed{}+\boxed{}=\boxed{}$

(3)
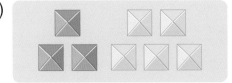

$3+\boxed{}=\boxed{}$

(4)

$\boxed{}+\boxed{}=\boxed{}$

바른 답 17쪽

3 그림을 보고 덧셈식을 쓰고 읽어 보세요.

(1)

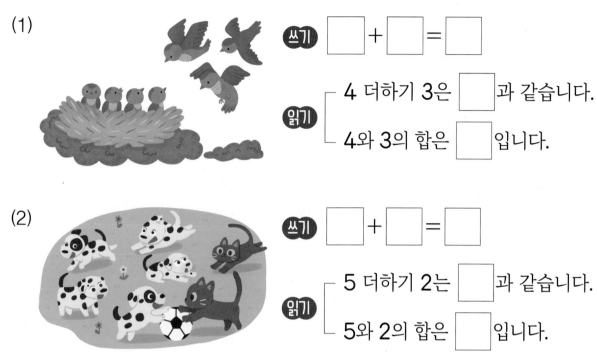

쓰기 ☐ + ☐ = ☐

읽기
- 4 더하기 3은 ☐ 과 같습니다.
- 4와 3의 합은 ☐ 입니다.

(2)

쓰기 ☐ + ☐ = ☐

읽기
- 5 더하기 2는 ☐ 과 같습니다.
- 5와 2의 합은 ☐ 입니다.

4 자신의 가방 안에 들어 있는 교과서와 공책의 수의 합을 구하는 덧셈식을 써 보세요.

가방 안에 들어 있는 교과서: ☐ 권, 공책: ☐ 권

☐ + ☐ = ☐

1 덧셈식으로 나타내 보세요.

1과 5의 합은
6입니다.

(   )

2 그림을 보고 주어진 카드를 한 번씩 모두 사용하여 알맞은 덧셈식을 만들어 보세요.

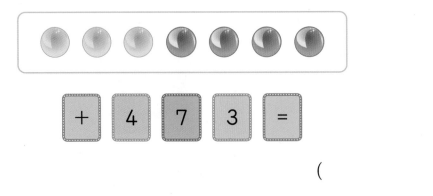

| + | 4 | 7 | 3 | = |

(   )

덧셈을 해 볼까요

사람은 모두 몇 명인지 여러 가지 방법으로 계산하기

방법① 연결 모형으로 구하기

연결 모형 2개와 2개를 모두 세어 보면 4개입니다.

방법② 십 배열판에 그림을 그려 구하기

→앉아 있는 사람 수　→걸어오는 사람 수
○를 2개 그린 후 △를 2개 더 이어 그리면 모두 4개 입니다.

방법③ 식으로 나타내어 구하기

앉아 있는 사람 수　걸어오는 사람 수

2＋2＝4

➡ 사람은 모두 4명입니다.

사람은 모두 몇 명인지 구해 보 세요.

방법① 연결 모형으로 구하기

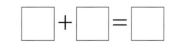

연결 모형 3개와 ▢개를 모두

세어 보면 ▢개입니다.

방법② 십 배열판에 그림을 그려 구하기

○	○	○	

○를 3개 그린 후 △를 ▢개

더 이어 그리면 모두 ▢개입 니다.

방법③ 식으로 나타내어 구하기

▢ ＋ ▢ ＝ ▢

➡ 사람은 모두 ▢명입니다.

1 책은 모두 몇 권인지 구해 보세요.

방법❶ 십 배열판에 그림을 그려 구하기

○를 ☐개 그린 후 △를 ☐개 더 이어 그리면 모두 ☐개입니다.

방법❷ 식으로 나타내어 구하기

☐ + ☐ = ☐

답 책은 모두 ☐권입니다.

2 알맞은 것끼리 이어 보세요.

 ·

·

 ·

·

❤ 바른 답 18쪽

3 그림을 보고 ☐ 안에 알맞은 수를 써넣으세요.

(1)
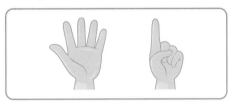

1 + ☐ = ☐

(2)
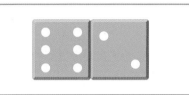

☐ + ☐ = ☐

(3)

5 + ☐ = ☐

(4)

☐ + ☐ = ☐

4 덧셈을 해 보세요.

2+1=☐

2+2=☐

2+3=☐

2+4=☐

1 합이 같은 것끼리 이어 보세요.

1+3	•		•	5+4
2+6	•		•	3+1
4+5	•		•	6+2

2 동물원에 호랑이가 5마리, 사자가 3마리 있습니다. 동물원에 있는 호랑이와 사자는 모두 몇 마리인가요?

식

답

빽셈을 알아볼까요

🍒 연못에 오리가 몇 마리 남았는지 뺄셈식을 쓰고 읽기

7-2

5

쓰기 7-2=5

읽기 [7 빼기 2는 5와 같습니다.
7과 2의 차는 5입니다.

빼기는 ─로
같다는 ═로
나타내.

1 닭은 병아리보다 몇 마리 더 많은지 뺄셈식을 쓰고 읽어 보세요.

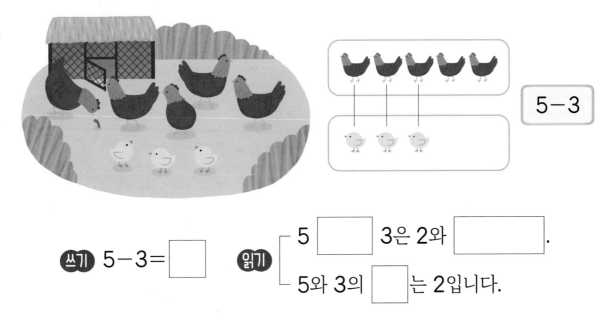

5-3

쓰기 5-3=[ ]

읽기 [5 [   ] 3은 2와 [   ].
5와 3의 [   ]는 2입니다.

1 알맞은 것끼리 이어 보세요.

· · $5-1=4$

· · $6-3=3$

2 뺄셈식을 써 보세요.

(1)

$4-\boxed{}=\boxed{}$

(2)

$\boxed{}-\boxed{}=\boxed{}$

(3)
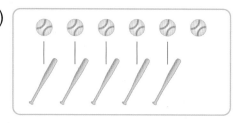

$6-\boxed{}=\boxed{}$

(4)
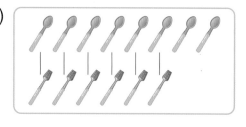

$\boxed{}-\boxed{}=\boxed{}$

♥ 바른답 19쪽

3 그림을 보고 뺄셈식을 쓰고 읽어 보세요.

(1)

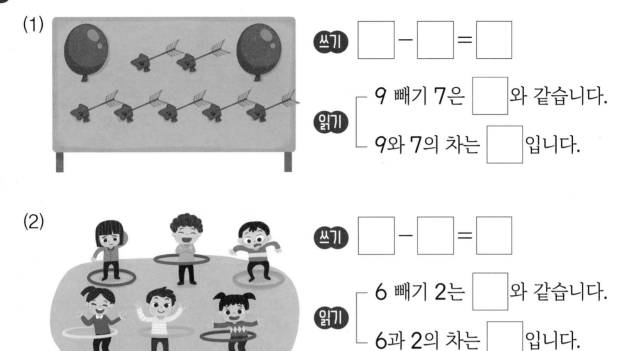

쓰기 ☐ − ☐ = ☐

읽기
9 빼기 7은 ☐ 와 같습니다.
9와 7의 차는 ☐ 입니다.

(2)

쓰기 ☐ − ☐ = ☐

읽기
6 빼기 2는 ☐ 와 같습니다.
6과 2의 차는 ☐ 입니다.

4 ⬜ 모양의 물건은 ⬜ 모양의 물건보다 몇 개 더 많은지 뺄셈식을 쓰고 읽어 보세요.

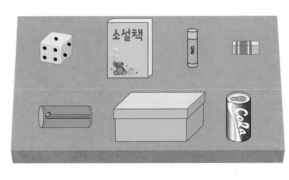

쓰기 ☐ − ☐ = ☐

읽기 _____

바른 답 19쪽

1 뺄셈식으로 나타내 보세요.

> 3 빼기 2는 1과 같습니다.

(   )

2 그림을 보고 뺄셈식을 쓰고 이야기를 만들려고 합니다. □ 안에 알맞은 수를 써넣으세요.

$9-4=\boxed{}$

의자 $\boxed{}$ 개 중에서 사람이 앉아 있는 의자 $\boxed{}$ 개를 빼면

빈 의자는 $\boxed{}$ 개입니다.

07 뺄셈을 해 볼까요

남은 인형은 몇 개인지 여러 가지 방법으로
계산하기

방법① 연결 모형으로 구하기

연결 모형 6개에서 2개를 뺀 후 세어 보면 4개입니다.

방법② 그림을 그려 구하기

┌→전체 인형의 수 　　　┌→동생에게 준 인형의 수
○를 6개 그리고 /으로 2개를 지우면 ○는 4개가
남습니다.

방법③ 식으로 나타내어 구하기

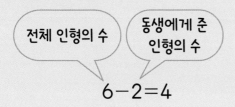

6－2＝4

➡ 남은 인형은 4개입니다.

개념 확인하기

 는 보다 몇 개 더 많
은지 구해 보세요.

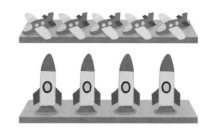

방법① 연결 모형으로 구하기

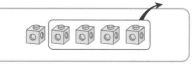

연결 모형 5개에서 ☐ 개를

뺀 후 세어 보면 ☐ 개입니다.

방법② 그림을 그려 구하기

●와 ●를 하나씩 연결해 보면

●는 ☐ 개가 남습니다.

방법③ 식으로 나타내어 구하기

☐ － ☐ ＝ ☐

➡ 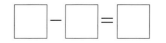 는 보다 ☐ 개
더 많습니다.

3. 덧셈과 뺄셈 **79**

1 수박이 몇 개 남았는지 구해 보세요.

방법① 그림을 그려 구하기

○를 7개 그리고 ╱으로 ☐개를 지우면 ○는 ☐개가 남습니다.

방법② 식으로 나타내어 구하기

답 수박이 ☐개 남았습니다.

2 알맞은 것끼리 이어 보세요.

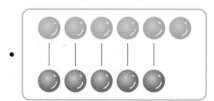

3 두 가지 장신구를 골라 ○표 하고 어느 장신구가 얼마나 더 많은지 뺄셈을 해 보세요.

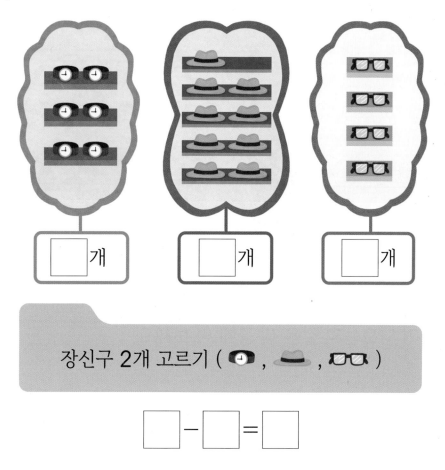

□개 □개 □개

장신구 2개 고르기 (⌚ , 🎩 , 👓)

□ − □ = □

4 뺄셈을 해 보세요.

5−1=□

5−2=□

5−3=□

5−4=□

1 수아는 밭에서 고구마 6개, 감자 2개를 캤습니다. 어느 것을 몇 개 더 많이 캤는지 차례대로 구해 보세요.

(,   )

2 뽑기 기계 안에 있는 공을 뽑으면 뽑기 규칙에 따라 바뀐 수의 공이 나옵니다. 어떤 수가 나오는지 같은 색 공에 써 보세요.

7 구슬을 넣으면 7−2=5야.

08 0이 있는 덧셈과 뺄셈을 해 볼까요

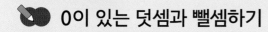 0이 있는 덧셈과 뺄셈하기

(1) 0이 있는 덧셈하기

| $0+(어떤 수)=(어떤 수)$ | $(어떤 수)+0=(어떤 수)$ |

$0+4=4$ $4+0=4$

(2) 0이 있는 뺄셈하기

| $(어떤 수)-(어떤 수)=0$ | $(어떤 수)-0=(어떤 수)$ |

$4-4=0$ $4-0=4$

 개념 확인하기

1 ☐ 안에 알맞은 수를 써넣으세요.

(1)

$5+0=\boxed{}$

(2)

$5-5=\boxed{}$

1 그림을 보고 덧셈을 해 보세요.

(1)

$\boxed{}+3=\boxed{}$

(2)

$3+\boxed{}=\boxed{}$

2 그림을 보고 뺄셈을 해 보세요.

(1)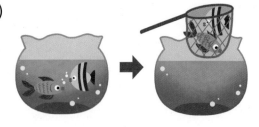

$\boxed{}-2=\boxed{}$

(2)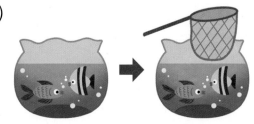

$2-\boxed{}=\boxed{}$

3 ○ 안에 +, −를 알맞게 써넣으세요.

(1)

$0\bigcirc6=6$

(2)

$9\bigcirc9=0$

4 그림과 어울리는 식을 써 보세요.

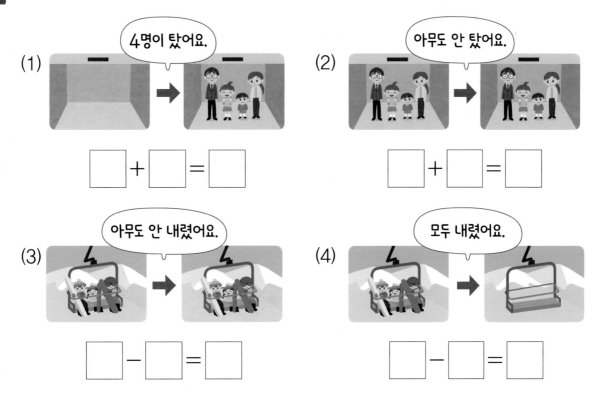

(1) 4명이 탔어요.

□ + □ = □

(2) 아무도 안 탔어요.

□ + □ = □

(3) 아무도 안 내렸어요.

□ − □ = □

(4) 모두 내렸어요.

□ − □ = □

5 수 카드를 골라 덧셈식과 뺄셈식을 써 보세요.

0 1 2 3 4

5 6 7 8 9

0 은 꼭 넣어야 해.

덧셈식 □ + □ = □

뺄셈식 □ − □ = □

1 ○ 안에 + 또는 −를 모두 넣을 수 있는 것에 ○표 하세요.

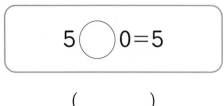

5 ○ 0 = 5

(   )

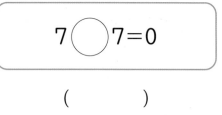

7 ○ 7 = 0

(   )

2 계산 결과가 다른 하나를 찾아 기호를 써 보세요.

ㄱ 8−8   ㄴ 0+8   ㄷ 8−0

(   )

 덧셈과 뺄셈을 해 볼까요

덧셈과 뺄셈하기

(1) 덧셈하기

더해지는 수   더하는 수

$0+4=4$

$1+3=4$

$2+2=4$

$3+1=4$

$4+0=4$

|씩 커짐. |씩 작아짐.

더해지는 수가 |씩 커지고 더하는
수가 |씩 작아지면 합은 같습니다.

(2) 뺄셈하기

빼지는 수   빼는 수

$6-4=2$

$5-3=2$

$4-2=2$

$3-1=2$

$2-0=2$

|씩 작아짐. |씩 작아짐.

빼지는 수가 |씩 작아지고 빼는 수도
|씩 작아지면 차는 같습니다.

개념 확인하기

1 □ 안에 알맞은 수를 써넣으세요.

(1)

$0+\boxed{}=3$

$1+\boxed{}=3$

$2+\boxed{}=3$

$3+\boxed{}=3$

(2)

$6-\boxed{}=3$

$5-\boxed{}=3$

$4-\boxed{}=3$

$3-\boxed{}=3$

1 합이 8이 되는 식을 찾아 ○표 하세요.

8을 찾아라!

3+5

1+2

4+4

3+1

5+3

9+0

2+6

1+7   4+3

2+5

0+8

♥ 바른 답 22쪽

2 차가 4인 식을 찾아 색칠해 보세요.

1 합이 5가 되는 덧셈식 2개를 만들어 보세요.

$$\square + \square = 5$$

$$\square + \square = 5$$

2 차가 5가 되는 뺄셈식 2개를 만들어 보세요.

$$\square - \square = 5$$

$$\square - \square = 5$$

단원 마무리하기

1 그림을 보고 모으기와 가르기를 해 보세요.

(1)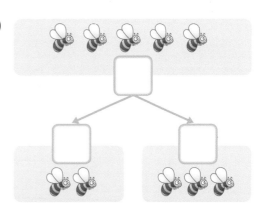

(2)

2 그림을 보고 □ 안에 알맞은 수를 써넣으세요.

(1)

□ + □ = □

2 더하기 □ 은 □ 과 같습니다.

(2)

□ − □ = □

8 빼기 □ 은 □ 과 같습니다.

3 □ 안에 알맞은 수를 써넣으세요.

(1) 1+5= □

(2) 3−1= □

(3) 4+4= □

(4) 9−6= □

4 ㉠과 ㉡에 알맞은 수 중에서 더 큰 수의 기호를 써 보세요.

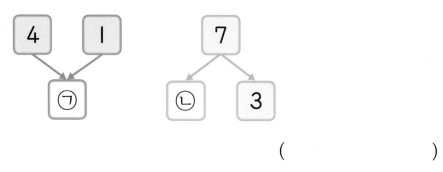

(   )

5 그림을 보고 뺄셈식을 쓰고 이야기를 만들려고 합니다. □ 안에 알맞은 수를 써넣으세요.

□ − □ = □

줄다리기를 하는 사람이 구경하는 사람보다 □명 더 많습니다.

6 두 수의 합과 차를 각각 구해 보세요.

2   4

합 (   ), 차 (   )

♥바른 답 23쪽

7 ○ 안에 +, −를 알맞게 써넣으세요.

(1) 0 ◯ 7=7

(2) 5 ◯ 5=0

8 계산 결과가 가장 작은 것을 찾아 기호를 써 보세요.

㉠ 8−3

㉡ 1+3

㉢ 6−0

(   )

9 3장의 수 카드 중에서 2장을 뽑아 한 번씩 사용하여 합이 가장 큰 덧셈식을 만들어 보세요.

6   1   3

(   )

빠른 개념 찾기

틀린 문제는 개념을 다시 확인해 보세요.

개념	문제 번호
01 모으기와 가르기를 해 볼까요 (1)	1
02 모으기와 가르기를 해 볼까요 (2)	4
03 이야기를 만들어 볼까요	5
04 덧셈을 알아볼까요	2
05 덧셈을 해 볼까요	3, 6
06 뺄셈을 알아볼까요	2, 5
07 뺄셈을 해 볼까요	3, 6
08 0이 있는 덧셈과 뺄셈을 해 볼까요	7
09 덧셈과 뺄셈을 해 볼까요	8, 9

4 비교하기

개념	공부 계획
01 어느 것이 더 길까요	월 일
02 어느 것이 더 무거울까요	월 일
03 어느 것이 더 넓을까요	월 일
04 어느 것에 더 많이 담을 수 있을까요	월 일
단원 마무리하기	월 일

어느 것이 더 길까요

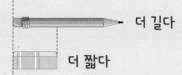 **연필과 지우개의 길이 비교하기** → 두 가지 물건의 길이 비교

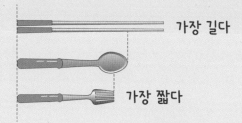

- 더 길다
- 더 짧다

- 연필은 지우개보다 더 깁니다.
- 지우개는 연필보다 더 짧습니다.

젓가락, 수저, 포크의 길이 비교하기 → 세 가지 물건의 길이 비교

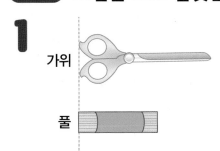

- 가장 길다
- 가장 짧다

- 젓가락이 가장 깁니다.
- 포크가 가장 짧습니다.

> 물건의 한쪽 끝을 맞추고 맞대어 보았을 때 다른 쪽 끝이 더 많이 나간 것이 더 깁니다.

개념 확인하기

1~2 그림을 보고 알맞은 말에 ○표 하세요.

1

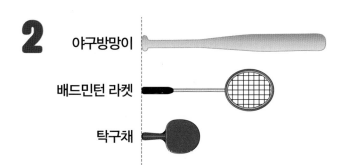

가위

풀

- 가위는 풀보다 더 (깁니다 , 짧습니다).
- 풀은 가위보다 더 (깁니다 , 짧습니다).

2

야구방망이

배드민턴 라켓

탁구채

- 야구방망이가 가장 (깁니다 , 짧습니다).
- 탁구채가 가장 (깁니다 , 짧습니다).

1 더 긴 것에 색칠해 보세요.

(1)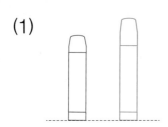

(2)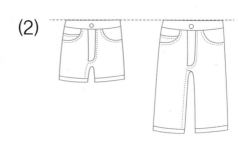

2 그림과 어울리는 말을 찾아 이어 보세요.

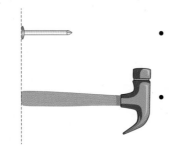

• 더 길다

• 더 짧다

3 가장 긴 것에 ○표, 가장 짧은 것에 △표 하세요.

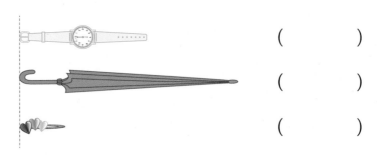

(   )

(   )

(   )

4 수수깡을 두 도막으로 나누어 길이를 비교하려고 합니다. 노란색과 초록색 수수깡에 나누는 선을 긋고, 수수깡의 길이를 비교해 보세요.

수수깡의 길이를 다르게 나누어 볼까?

수수깡

예 ⓛ 은 ⓖ 보다 더 (깁니다 , 짧습니다).

수수깡

□ 은 □ 보다 더 (깁니다 , 짧습니다).

수수깡

□ 은 □ 보다 더 (깁니다 , 짧습니다).

1 더 짧은 것을 찾아 기호를 써 보세요.

(   )

2 그림을 보고 알맞은 말에 ◯표 하세요.

(1) 아버지는 어머니보다 키가 더 (큽니다 , 작습니다).

(2) 예준이의 키가 가장 (큽니다 , 작습니다).

어느 것이 더 무거울까요

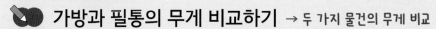

🎒 **가방과 필통의 무게 비교하기** → 두 가지 물건의 무게 비교

• 가방은 필통보다 더 무겁습니다.
• 필통은 가방보다 더 가볍습니다.

더 무겁다   더 가볍다

🍉 **수박, 사과, 귤의 무게 비교하기** → 세 가지 물건의 무게 비교

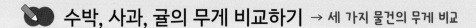

• 수박이 가장 무겁습니다.
• 귤이 가장 가볍습니다.

가장 무겁다   가장 가볍다

• 손으로 들었을 때 힘이 더 많이 들어간 쪽이 더 무겁습니다.
• 양팔저울 또는 시소에서 비교할 때 아래로 내려간 쪽이 더 무겁습니다.

1~2 그림을 보고 알맞은 말에 ○표 하세요.

1

농구공   풍선

• 농구공은 풍선보다 더
  (무겁습니다 , 가볍습니다).
• 풍선은 농구공보다 더
  (무겁습니다 , 가볍습니다).

2

배추   가지   버섯

• 배추가 가장 (무겁습니다 , 가볍습니다).
• 버섯이 가장 (무겁습니다 , 가볍습니다).

1 더 가벼운 것에 △표 하세요.

(1)

(2)

(   )   (   )   (   )   (   )

2 그림과 어울리는 말을 찾아 이어 보세요.

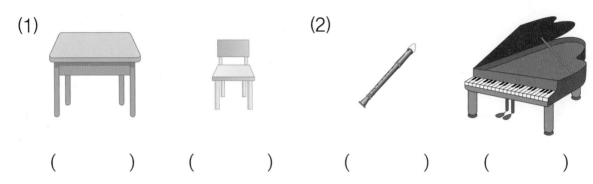

·   ·

더 가볍다   더 무겁다

3 가장 무거운 것을 찾아 ◯표 하세요.

야구공이 축구공보다 더 가벼워.

야구공이 탁구공보다 더 무거워.

4 승용차보다 더 무거운 것을 모두 찾아 ○표 하세요.

승용차

(   )   (   )   (   )   (   )

5 상자에 넣을 수 있는 것을 생각하여 이야기를 완성해 보세요.

(1) 상자에는 국어사전보다 더 가벼운 [   ] 이/가 들어
있습니다.

(2) 상자에는 줄넘기보다 더 무거운 [   ] 이/가 들어 있습
니다.

1 ❓에 들어갈 수 있는 쌓기나무를 모두 찾아 ○표 하세요. (단, 쌓기나무 한 개의 무게는 모두 같습니다.)

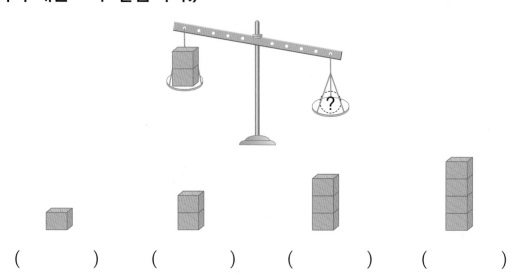

(   )   (   )   (   )   (   )

2 각각의 상자 위에 앉았던 사람이 누구일지 이어 보세요.

 어느 것이 더 넓을까요

도화지와 색종이의 넓이 비교하기 → 두 가지 물건의 넓이 비교

 → 　　

더 넓다　　　　더 좁다

• 도화지는 색종이보다 더 넓습니다.
• 색종이는 도화지보다 더 좁습니다.

스케치북, 공책, 수첩의 넓이 비교하기 → 세 가지 물건의 넓이 비교

 → 　　

가장 넓다　　　　　가장 좁다

• 스케치북이 가장 넓습니다.
• 수첩이 가장 좁습니다.

> 물건의 한쪽 끝을 맞추어 겹쳐 보았을 때 남는 부분이 많을수록 더 넓습니다.

 개념 확인하기

1~2 그림을 보고 알맞은 말에 ○표 하세요.

1 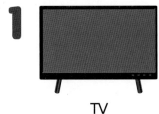　

　TV　　　휴대 전화

• TV는 휴대 전화보다 더 (넓습니다 , 좁습니다).
• 휴대 전화는 TV보다 더 (넓습니다 , 좁습니다).

2 　　　

봉투　　　　엽서　　　우표

• 봉투가 가장 (넓습니다 , 좁습니다).
• 우표가 가장 (넓습니다 , 좁습니다).

1 동전 모양 중에서 가장 넓은 것을 찾아 ○표 하세요.

2 그림을 보고 □ 안에 알맞은 꽃을 찾아 써 보세요.

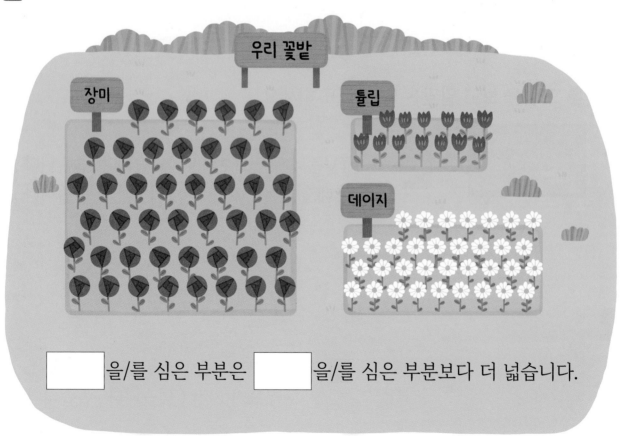

□ 을/를 심은 부분은 □ 을/를 심은 부분보다 더 넓습니다.

❤ 바른 답 26쪽

3 보기 와 같이 남학생 4명이 모두 누울 수 있는 담요를 그려 보세요.

보기

4 1부터 6까지 순서대로 이어 보고, 더 넓은 쪽에 ◯표 하세요.

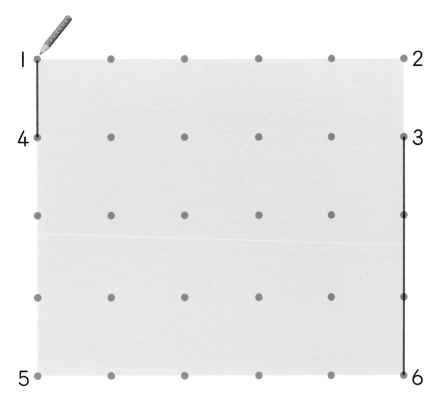

1 △보다 넓고 △보다 좁은 △ 모양을 빈칸에 그려 보세요.

2 작은 한 칸의 크기가 모두 같은 밭에 옥수수, 감자, 고구마를 심었습니다. 가장 적은 부분에 심은 것은 무엇인지 써 보세요.

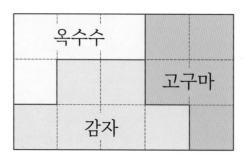

(   )

어느 것에 더 많이 담을 수 있을까요

주전자와 컵에 담을 수 있는 양 비교하기 → 모양과 크기가 다른 두 가지 그릇에 담을 수 있는 양 비교

• 주전자는 컵보다 담을 수 있는 양이 더 많습니다.
• 컵은 주전자보다 담을 수 있는 양이 더 적습니다.

더 많다　　더 적다

가, 나 물통에 담긴 양 비교하기 → 모양과 크기가 같은 두 가지 그릇에 담긴 양 비교

가　　나

• 가 물통에 담긴 물의 양이 나 물통에 담긴 물의 양보다 더 많습니다.
• 나 물통에 담긴 물의 양이 가 물통에 담긴 물의 양보다 더 적습니다.

더 많다　　더 적다

> • 그릇의 모양과 크기가 다를 때 그릇이 더 큰 것이 담을 수 있는 양이 더 많습니다.
> • 그릇의 모양과 크기가 같을 때 물의 높이가 높을수록 그릇에 담긴 물의 양이 더 많습니다.

 **개념 확인하기**

1~2 그림을 보고 알맞은 말에 ○표 하세요.

1 가 나

• 가 우유갑은 나 우유갑보다 담을 수 있는 양이 더 (많습니다 , 적습니다).
• 나 우유갑은 가 우유갑보다 담을 수 있는 양이 더 (많습니다 , 적습니다).

2 가  나

• 가 컵에 담긴 주스의 양이 나 컵에 담긴 주스의 양보다 더 (많습니다 , 적습니다).
• 나 컵에 담긴 주스의 양이 가 컵에 담긴 주스의 양보다 더 (많습니다 , 적습니다).

1 담을 수 있는 양이 더 적은 것에 △표 하세요.

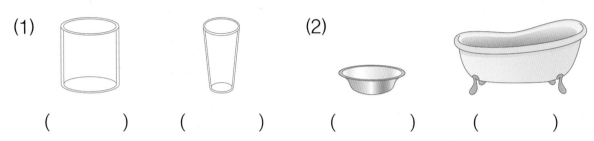

(1)   (2)

(   )   (   )   (   )   (   )

2 담긴 양이 가장 많은 것에 ○표 하세요.

(   )   (   )   (   )

3 알맞은 컵을 찾아 이어 보세요.

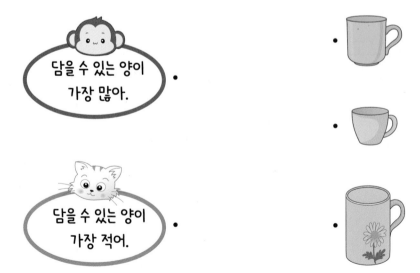

담을 수 있는 양이
가장 많아.

담을 수 있는 양이
가장 적어.

🖤 바른답 27쪽

4 빈 물통 3개에 물을 받으려고 합니다. 보기 와 같이 □ 안에 알맞은 기호를 써 보세요.

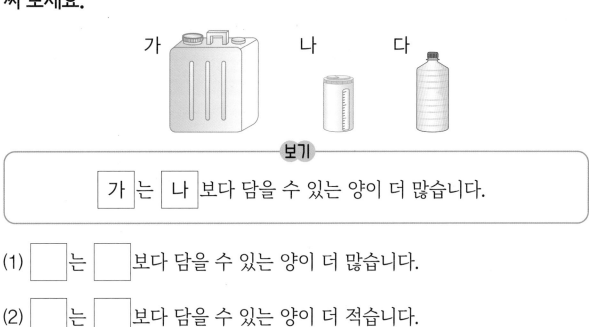

가   나   다

보기

가 는 나 보다 담을 수 있는 양이 더 많습니다.

(1) □ 는 □ 보다 담을 수 있는 양이 더 많습니다.

(2) □ 는 □ 보다 담을 수 있는 양이 더 적습니다.

5 그림을 보고 알맞은 자리를 찾아 이어 보세요.

재하
배고파. 가장 많이 담긴 것을 먹을 거야.

도영
나는 재하보다 더 적게 담긴 것을 먹을래.

유빈
나는 도영이보다 더 많이 담긴 것을 먹어야지.

1 바가지와 양동이로 모양과 크기가 같은 어항에 각각 물을 채우려고 합니다. 어항에 물을 붓는 횟수가 더 적은 것에 △표 하세요.

바가지   양동이

(   )   (   )

2 담긴 우유의 양을 바르게 비교한 친구의 이름을 써 보세요.

가   나

세진: 우유의 높이가 같으므로 담긴 우유의 양도 같아.

도하: 우유의 높이가 같으므로 그릇의 크기가 더 큰 나에 담긴 우유의 양이 더 많아.

(   )

1 더 긴 것에 ○표 하세요.

(　　　　)

어린이 치약　(　　　　)

2 그림을 보고 알맞은 말에 ○표 하세요.

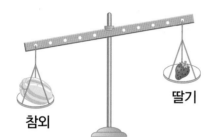

딸기

참외

참외는 딸기보다 더
(무겁습니다 , 가볍습니다).

3 그림과 어울리는 말을 찾아 이어 보세요.

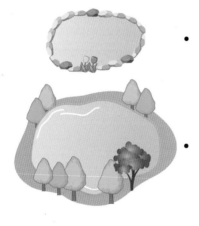

•　　　　　•　더 넓다

•　　　　　•　더 좁다

4 그림을 보고 알맞은 말에 ○표 하세요.

냄비　　밥그릇

담을 수 있는 양이 더 적은 것은
(냄비 , 밥그릇)입니다.

5 가장 긴 것에 ○표, 가장 짧은 것에 △표 하세요.

(   )

(   )

(   )

6 가장 가벼운 친구를 찾아 이름을 써 보세요.

민혁   다정   다정   준수

(   )

7 물이 많이 담긴 것부터 차례대로 1, 2, 3을 써 보세요.

(   )   (   )   (   )

8 축구장, 야구장, 농구장 중에서 가장 좁은 곳은 어디인지 써 보세요.

야구장은 축구장보다 더 넓어.

축구장은 농구장보다 더 넓어.

(   )

9 똑같은 컵으로 물통과 수조에 있는 물을 모두 퍼내었더니 다음과 같았습니다. 물통과 수조 중에서 물이 더 많이 들어 있던 것은 무엇인지 써 보세요.

그릇	물통	수조
퍼낸 횟수(번)	5	3

(   )

빠른 개념 찾기

틀린 문제는 개념을 다시 확인해 보세요.

개념	문제 번호
01 어느 것이 더 길까요	1, 5
02 어느 것이 더 무거울까요	2, 6
03 어느 것이 더 넓을까요	3, 8
04 어느 것에 더 많이 담을 수 있을까요	4, 7, 9

5 50까지의 수

개념	공부 계획	
01 9 다음 수를 알아볼까요	월	일
02 십몇을 알아볼까요	월	일
03 모으기와 가르기를 해 볼까요	월	일
04 10개씩 묶어 세어 볼까요	월	일
05 50까지의 수를 세어 볼까요	월	일
06 50까지 수의 순서를 알아볼까요	월	일
07 수의 크기를 비교해 볼까요	월	일
단원 마무리하기	월	일

9 다음 수를 알아볼까요

10 알아보기

9보다 1만큼 더 큰 수 ➡ **쓰기** 10   **읽기** 십, 열

10 모으기와 가르기

(1) 두 수를 모으기하여 10 만들기

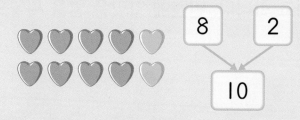

8과 2를 모으기하면 10이 됩니다.

(2) 10을 두 수로 가르기

10은 3과 7로 가르기할 수 있습니다.

1 □ 안에 알맞은 수를 써넣으세요.

9보다 1만큼 더 큰 수는 □ 입니다.

2 10이 되도록 ○를 그려 보세요.

(1)

(2)

1 우산의 수만큼 ○를 그리고, □ 안에 알맞은 수를 써넣으세요.

□ 개

2 여러 가지 방법으로 수를 세어 보려고 합니다. 빈칸에 알맞은 말을 써넣으세요.

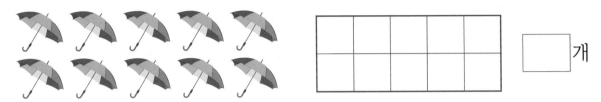

이   사   육   팔   ○

일   삼   오   칠   구

하나   둘   셋   넷

다섯   여섯   일곱

여덟   아홉

○

여섯

일곱

여덟

아홉

○

❤ 바른답 29쪽

3 모으기를 해 보세요.

(1)
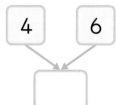

| 4 | | 6 |

(2)
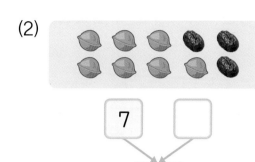

| 7 | | |

(3)
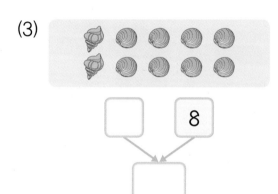

| | | 8 |

(4)
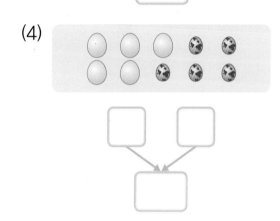

4 가르기를 해 보세요.

(1)
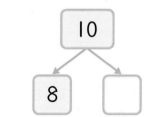

10

8 | |

(2)
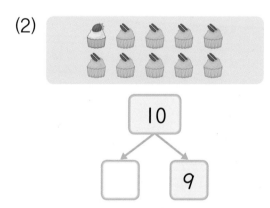

10

| | 9

(3)
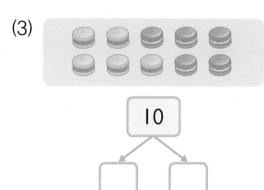

10

(4)
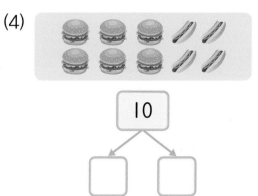

10

1 그림을 보고 □ 안에 알맞은 수를 써넣으세요.

레몬 ⬚ 개가 노랗게 익었다.

남은 ⬚ 개도 빨리 익으면 좋겠다.

드디어 레몬 ⬚ 개가 모두 익었다.

2 모으기와 가르기를 해 보세요.

(1)
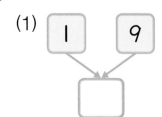

(2)
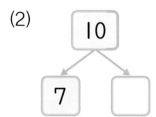

십몇을 알아볼까요

십몇을 쓰고 읽기

 10개씩 묶음 1개와 낱개 1개
➡ **쓰기** 11
　읽기 십일, 열하나

 10개씩 묶음 1개와 낱개 2개
➡ **쓰기** 12
　읽기 십이, 열둘

쓰기	11	12	13	14	15	16	17	18	19
읽기	십일	십이	십삼	십사	십오	십육	십칠	십팔	십구
	열하나	열둘	열셋	열넷	열다섯	열여섯	열일곱	열여덟	열아홉

16과 13의 크기 비교하기

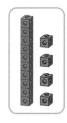

- ●은 ●보다 많습니다.
  ➡ 16은 13보다 큽니다.
- ●은 ●보다 적습니다.
  ➡ 13은 16보다 작습니다.

> 10개씩 묶음의 수가 1로 같으면 낱개의 수가 클수록 더 큰 수야.

개념 확인하기

1 모형을 보고 □ 안에 알맞은 수를 써넣으세요.

10개씩 묶음 □개와 낱개 □개 ➡ □

2 그림을 보고 알맞은 말에 ○표 하세요.

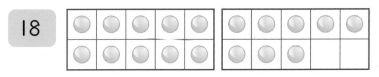

●는 ●보다
(많습니다 , 적습니다).
➡ 12는 18보다
(큽니다 , 작습니다).

1 들고 있는 통조림통의 수만큼 ○를 그리고, □ 안에 알맞은 수를 써넣으세요.

엄마와 내가 들고 있는 통조림통은 ☐ 개입니다.

2 빈칸에 알맞은 수를 써넣고, 알맞게 이어 보세요.

·   · 십이(열둘)

·   · 십오(열다섯)

·   · 십팔(열여덟)

💜 바른답 30쪽

3 □ 안에 알맞은 수를 써넣고, 수의 크기를 비교해 보세요.

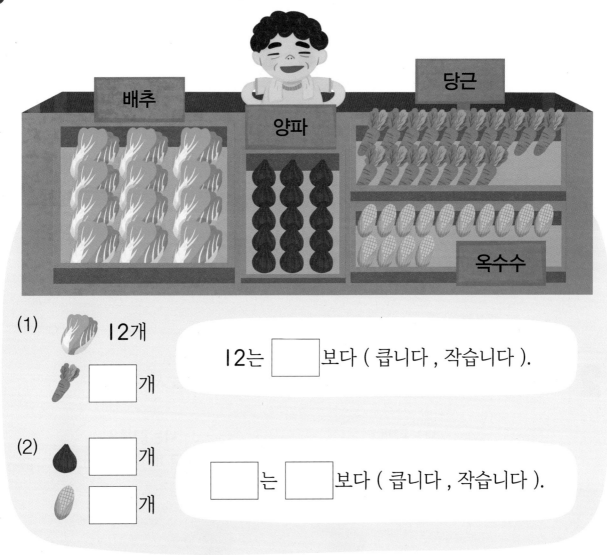

(1) 12개

□ 개

12는 □ 보다 (큽니다 , 작습니다).

(2) □ 개

□ 개

□ 는 □ 보다 (큽니다 , 작습니다).

4 □ 안에 알맞은 수를 써넣고, 가장 많은 것에 ○표 하세요.

□ 개

□ 개

□ 개

(🍶 , 🫘 , 초코)이 가장 많습니다.

1 그림의 수와 관계있는 것을 모두 찾아 ○표 하세요.

(16 , 열아홉 , 십육 , 19)

2 공깃돌을 더 적게 가지고 있는 친구의 이름을 써 보세요.

나는 공깃돌을
13개 가지고 있어.

나는 공깃돌을
열일곱 개 가지고 있어.

효진

재민

(   )

모으기와 가르기를 해 볼까요

8과 3을 모으기

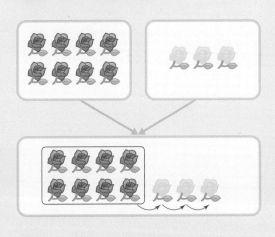

8   3

11

8부터 3만큼 이어 세면
9, 10, 11입니다.
➡ 8과 3을 모으기하면 11이
됩니다.

12를 4와 어떤 수로 가르기

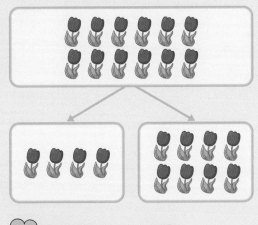

12

4   8

12에서 4만큼 거꾸로 세면
11, 10, 9, 8입니다.
➡ 12는 4와 8로 가르기할 수
있습니다.

개념 확인하기

1~2 빈칸에 알맞은 수만큼 ○를 그리고, □ 안에 알맞은 수를 써넣으세요.

1
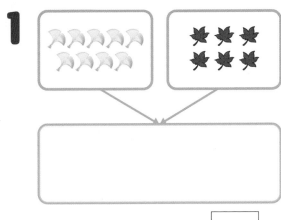

9와 6을 모으기하면 □ 가
됩니다.

2
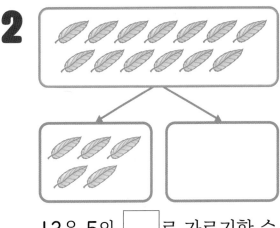

13은 5와 □ 로 가르기할 수
있습니다.

1 모으기를 해 보세요.

(1)

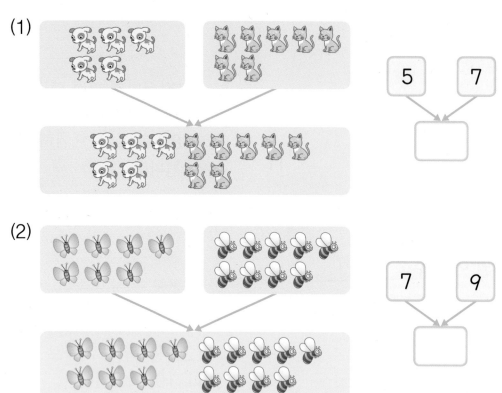

(2)

2 가르기를 해 보세요.

(1)

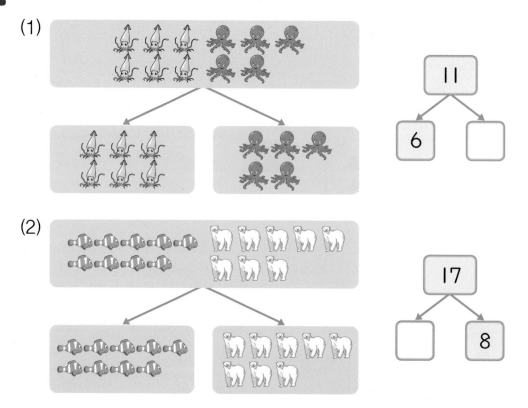

(2)

3 두 가지 공을 골라 ○표 하고, 모으기를 해 보세요.

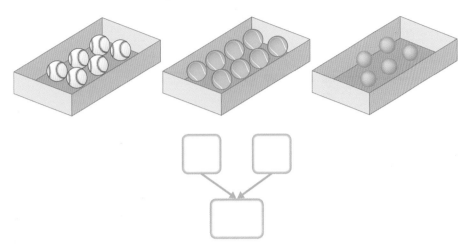

4 서로 다른 두 가지 방법으로 가르기를 해 보세요.

1 모으기를 하여 18이 되는 것끼리 색칠해 보세요.

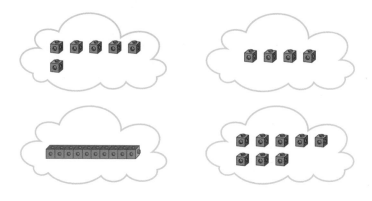

2 팽이 13개를 수호와 준희가 나누어 가지려고 합니다. 수호가 준희보다 더 많이 가지도록 팽이를 ○로 그려 보세요.

수호	준희

04 10개씩 묶어 세어 볼까요

20, 30, 40, 50을 쓰고 읽기

10개씩 묶음 2개
➡ **쓰기** 20
읽기 이십, 스물

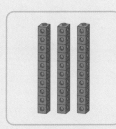

10개씩 묶음 3개
➡ **쓰기** 30
읽기 삼십, 서른

10개씩 묶음 4개
➡ **쓰기** 40
읽기 사십, 마흔

10개씩 묶음 5개
➡ **쓰기** 50
읽기 오십, 쉰

50과 30의 크기 비교하기

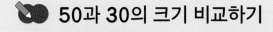

50   30

- 빨간색 모형은 초록색 모형보다 많습니다.
  ➡ 50은 30보다 큽니다.
- 초록색 모형은 빨간색 모형보다 적습니다.
  ➡ 30은 50보다 작습니다.

몇십은 10개씩 묶음의 수가 클수록 더 큰 수야.

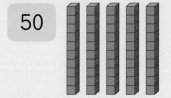 **개념 확인하기**

1 ☐ 안에 알맞은 수를 써넣으세요.

10개씩 묶음 ☐ 개 ➡ ☐

2 그림을 보고 알맞은 말에 ○표 하세요.

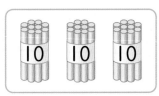

20   40

보라색 모형은 노란색 모형보다
(많습니다 , 적습니다).
➡ 20은 40보다 (큽니다 , 작습니다).

1 10개씩 묶고, □ 안에 알맞은 수를 써넣으세요.

(1)
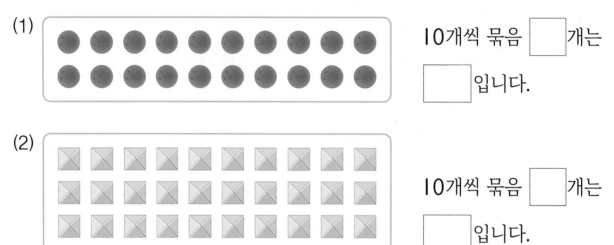

10개씩 묶음 □개는

□입니다.

(2)

10개씩 묶음 □개는

□입니다.

2 □ 안에 알맞은 수를 써넣으세요.

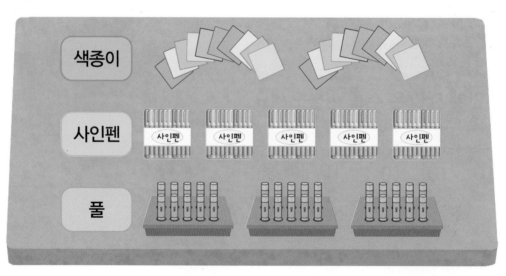

색종이 □장　　사인펜 □자루　　풀 □개

❤ 바른 답 32쪽

3 알맞게 이어 보세요.

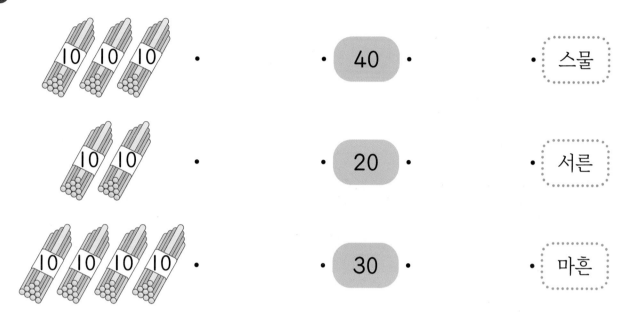

4 ☐ 안에 알맞은 수를 쓰고, 수의 크기를 비교해 보세요.

☐ 은 ☐ 보다 큽니다.

♥ 바른답 32쪽

1 20이 되도록 빈칸에 ○를 더 그려 보세요.

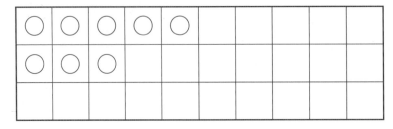

2 팔찌 한 개를 만드는 데 구슬을 10개 사용합니다. 팔찌 3개를 만드는 데 사용한 구슬은 모두 몇 개인가요?

(   )

50까지의 수를 세어 볼까요

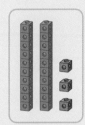 **23 알아보기**

10개씩 묶음 2개와 낱개 3개
➡ **쓰기** 23   **읽기** 이십삼, 스물셋

10개씩 묶음 ■개와 낱개 ▲개는 ■▲야.

 **36을 10개씩 묶음과 낱개로 나타내기**

36

10개씩 묶음	낱개
3	6

 개념 **확인하기**

1 모형을 보고 ☐ 안에 알맞은 수를 써넣으세요.

(1)

10개씩 묶음 ☐개와 낱개 ☐개 ➡ ☐

(2)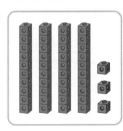

10개씩 묶음 ☐개와 낱개 ☐개 ➡ ☐

2 빈칸에 알맞은 수를 써넣으세요.

(1)

34	
10개씩 묶음	낱개

(2)

49	
10개씩 묶음	낱개

1 그림을 보고 빈칸에 알맞은 수를 써넣으세요.

이름	10개씩 묶음	낱개	수
🎈 풍선	3	7	
🥖 추로스			
🌽 옥수수			
🍬 솜사탕			

2 알맞게 이어 보세요.

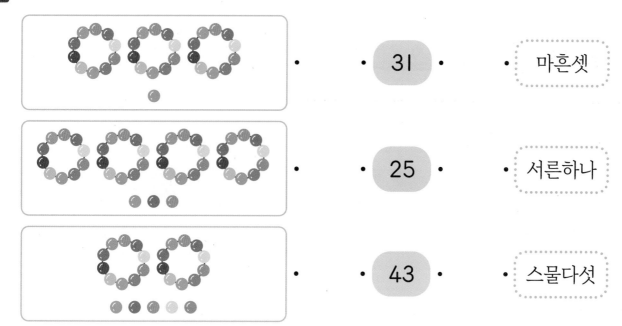

3 그림을 보고 □ 안에 알맞은 수를 써넣으세요.

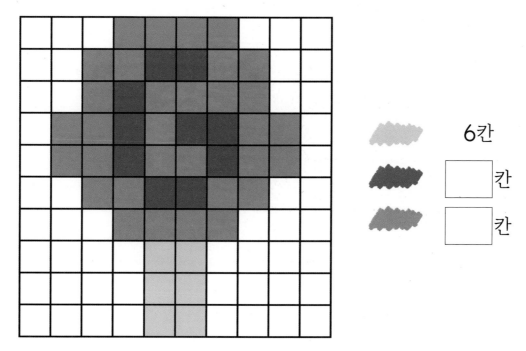

1 그림의 수와 관계있는 것을 모두 찾아 ○표 하세요.

(마흔여덟 , 삼십팔 , 48 , 서른여덟)

2 주스를 한 상자에 10병씩 담았더니 2상자가 되고 낱개 9병이 남았습니다. 주스는 모두 몇 병인가요?

(   )

06 50까지 수의 순서를 알아볼까요

1부터 50까지 수의 순서 알아보기

1씩 커집니다.

1	2	3	4	5	6	7	8	9	10
11	12	13	14	15	16	17	18	19	20
21	22	23	24	25	26	27	28	29	30
31	32	33	34	35	36	37	38	39	40
41	42	43	44	45	46	47	48	49	50

10씩 커집니다.

- 24보다 1만큼 더 작은 수는 **23** 입니다.

- 24보다 1만큼 더 큰 수는 **25** 입니다.

- 23과 25 사이에 있는 수는 **24** 입니다.

수를 순서대로 썼을 때 바로 앞의 수가 1만큼 더 작고, 바로 뒤의 수가 1만큼 더 커!

개념 확인하기

1 수의 순서를 생각하여 빈칸에 알맞은 수를 써넣으세요.

11	12	13		15
16	17		19	20
		23	24	

2 ☐ 안에 알맞은 수를 써넣으세요.

(1) 21보다 1만큼 더 큰 수는 ☐ 입니다.

(2) 20과 22 사이에 있는 수는 ☐ 입니다.

1 그림을 보고 물음에 답하세요.

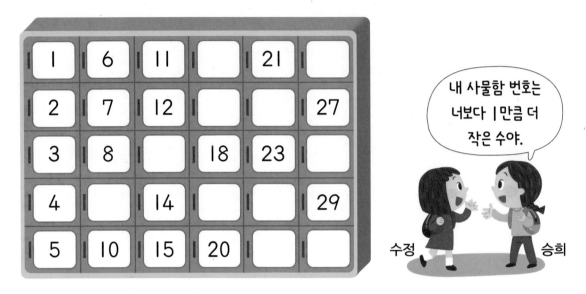

(1) 수정이의 사물함 번호가 26번일 때 수정이의 사물함을 찾아 ○표 하세요.

(2) 승희의 사물함을 찾아 △표 하세요.

2 책을 번호 순서대로 꽂으려고 합니다. 빈칸에 알맞은 수를 써넣으세요.

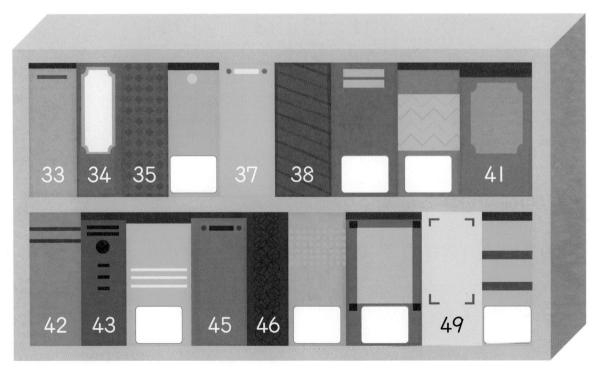

3 수를 순서대로 이어 그림을 완성해 보세요.

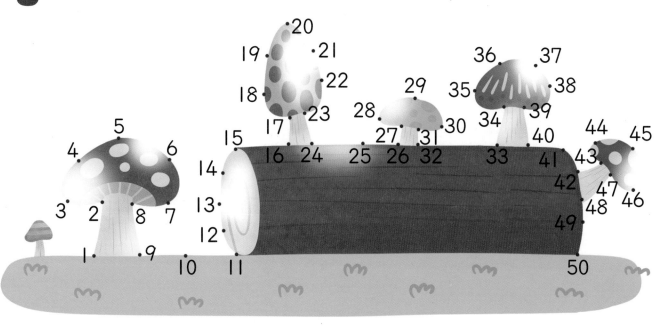

4 I부터 50까지의 수를 순서대로 써 보세요.

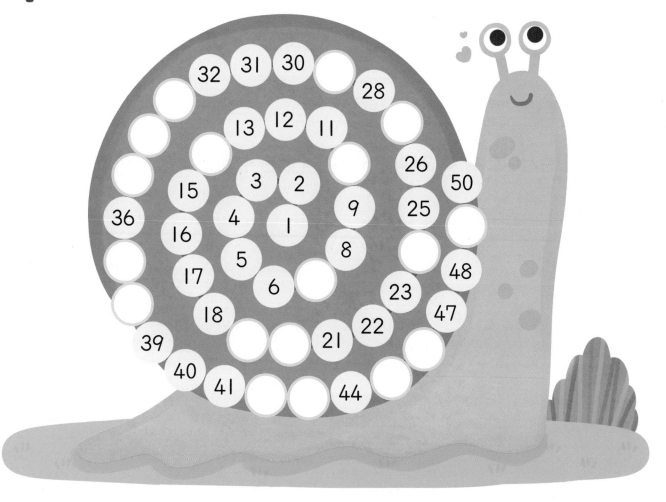

♥ 바른 답 34쪽

1 관계있는 것끼리 이어 보세요.

27보다 I만큼 더 큰 수 •

23보다 I만큼 더 작은 수 •

• 22

• 24

• 28

2 수를 순서대로 쓸 때 3I과 35 사이에 있는 수는 모두 몇 개인가요?

(   )

수의 크기를 비교해 볼까요

32와 28의 크기 비교하기 → 10개씩 묶음의 수가 다른 두 수의 크기 비교

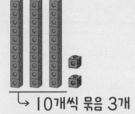 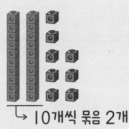

- 32는 28보다 큽니다.
- 28은 32보다 작습니다.

↳ 10개씩 묶음 3개　　　↳ 10개씩 묶음 2개

29와 24의 크기 비교하기 → 10개씩 묶음의 수가 같은 두 수의 크기 비교

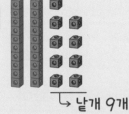 

- 29는 24보다 큽니다.
- 24는 29보다 작습니다.

↳ 낱개 9개　　　↳ 낱개 4개

- 10개씩 묶음의 수가 다를 때는 10개씩 묶음의 수가 클수록 더 큰 수입니다.
- 10개씩 묶음의 수가 같을 때는 낱개의 수가 클수록 더 큰 수입니다.

1~2 모형을 보고 알맞은 말에 ○표 하세요.

17은 21보다 (큽니다 , 작습니다).

35는 33보다 (큽니다 , 작습니다).

1 빈칸에 알맞은 수를 써넣고, 수의 크기를 비교해 보세요.

[ ] 은 [ ] 보다 (큽니다 , 작습니다).

2 알맞은 수를 찾아 ○표 하고, ○표 한 것을 착용한 강아지를 찾아 △표 하세요.

더 큰 수에 ○표 하세요.

24   27

더 작은 수에 ○표 하세요.

36   41

산책갈까?

(   )　(   )　(   )　(   )

❤ 바른 답 35쪽

3 더 큰 수를 따라가 보세요.

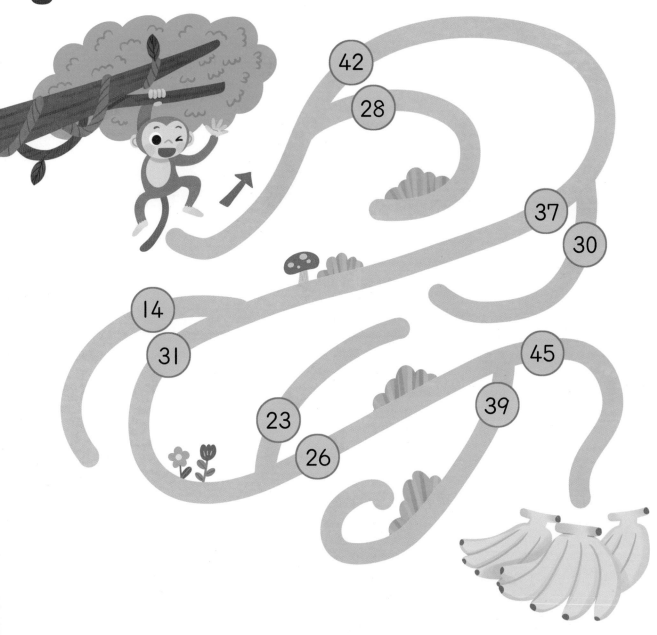

4 가장 작은 수를 찾아 △표 하세요.

20   43   36

(   )   (   )   (   )

1 젤리를 더 적게 먹은 친구의 이름을 써 보세요.

(   )

2 가장 큰 수를 찾아 기호를 써 보세요.

ⓐ 스물다섯   ⓑ 29   ⓒ 삼십일

(   )

1 그림을 보고 ☐ 안에 알맞은 수를 써넣으세요.

10은 8보다 ☐ 만큼 더 큰 수입니다.

2 모으기와 가르기를 해 보세요.

(1)
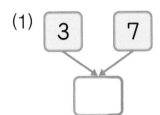

(2)
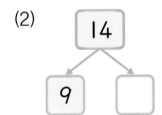

3 빈칸에 알맞은 수를 써넣으세요.

(1)
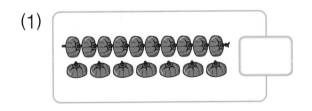

(2)
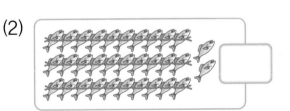

4 ☐ 안에 알맞은 수를 써넣으세요.

34   35   ☐   37   ☐   ☐

5 10개씩 묶음 1개와 낱개 2개인 수를 바르게 읽은 친구의 이름을 써 보세요.

(   )

6 모으기하여 15가 되는 것끼리 이어 보세요.

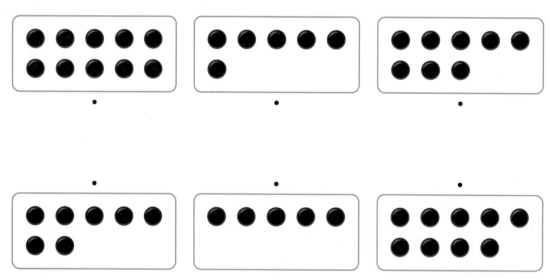

7 요구르트를 한 봉지에 10개씩 담으려고 합니다. 요구르트 40개를 모두 담으려면 몇 봉지가 필요한가요?

(   )

8 10개씩 묶음의 수가 다른 하나를 찾아 기호를 써 보세요.

> ㉠ 34　　　㉡ 10개씩 묶음 2개와 낱개 14개　　　㉢ 사십삼

(　　　　　)

9 사람들이 번호 순서대로 줄을 섰습니다. 예진이가 23번이라면 예진이 바로 앞에 서 있는 사람은 몇 번인가요?

(　　　　　)

10 37보다 크고 45보다 작은 수를 찾아 써 보세요.

> 37　　42　　30　　25　　49

(　　　　　)

빠른 개념 찾기

틀린 문제는 개념을 다시 확인해 보세요.

개념	문제 번호
01 9 다음 수를 알아볼까요	1, 2
02 십몇을 알아볼까요	3, 5
03 모으기와 가르기를 해 볼까요	2, 6
04 10개씩 묶어 세어 볼까요	7
05 50까지의 수를 세어 볼까요	3, 8
06 50까지 수의 순서를 알아볼까요	4, 9
07 수의 크기를 비교해 볼까요	10

메모

퍼즐 학습으로 재미있게 초등 어휘력을 키우자!

하루 4개씩
25일 완성!

어휘력을 키워야 문해력이 자랍니다.
문해력은 국어는 물론 모든 공부의 기본이 됩니다.

퍼즐런 시리즈로
재미와 학습 효과 두 마리 토끼를 잡으며,
문해력과 함께 공부의 기본을
확실하게 다져 놓으세요.

Fun! Puzzle! Learn!
재미있게!　　퍼즐로!　　배워요!

맞춤법
초등학생이 자주 틀리는
헷갈리는 맞춤법 100

속담
초등 교과 학습에 꼭 필요한
빈출 속담 100

사자성어
생활에서 자주 접하는
초등 필수 사자성어 100

초등 도서 목록

교과서 달달 쓰기 · 교과서 달달 풀기
1~2학년 국어 · 수학 교과 학습력을 향상시키고
초등 코어를 탄탄하게 세우는 기본 학습서
[4책] 국어 1~2학년 학기별
[4책] 수학 1~2학년 학기별

미래엔 교과서 길잡이, 초코
초등 공부의 핵심[CORE]를 탄탄하게 해 주는
슬림 & 심플한 교과 필수 학습서
[8책] 국어 3~6학년 학기별, [8책] 수학 3~6학년 학기별
[8책] 사회 3~6학년 학기별, [8책] 과학 3~6학년 학기별

전과목 단원평가
빠르게 단원 핵심을 정리하고, 수준별 문제로 실전력을 키우는
교과 평가 대비 학습서
[8책] 3~6학년 학기별

문제 해결의 길잡이

원리 8가지 문제 해결 전략으로 문장제와 서술형 문제 정복
[12책] 1~6학년 학기별

심화 문장제 유형 정복으로 초등 수학 최고 수준에 도전
[6책] 1~6학년 학년별

초등 필수 어휘를 퍼즐로 재미있게 익히는 학습서
[3책] 사자성어, 속담, 맞춤법

하루한장 예비 초등

한글완성
초등학교 입학 전 한글 읽기·쓰기 동시에 끝내기
[3책] 기본 자모음, 받침, 복잡한 자모음

예비초등
기본 학습 능력을 향상하며 초등학교 입학을 준비하기
[4책] 국어, 수학, 통합교과, 학교생활

하루한장 독해

독해 시작편
초등학교 입학 전 기본 문해력 익히기 30일 완성
[2책] 문장으로 시작하기, 짧은 글 독해하기

어휘
문해력의 기초를 다지는 초등 필수 어휘 학습서
[6책] 1~6학년 단계별

독해
국어 교과서와 연계하여 문해력의 기초를 다지는 독해 기본서
[6책] 1~6학년 단계별

독해+플러스
본격적인 독해 훈련으로 문해력을 향상시키는 독해 실전서
[6책] 1~6학년 단계별

비문학 독해 (사회편·과학편)
비문학 독해로 배경지식을 확장하고 문해력을 완성시키는
독해 심화서
[사회편 6책, 과학편 6책] 1~6학년 단계별

초등학교에서 탄탄하게 닦아 놓은
공부력이 중·고등 학습의 실력을 가릅니다.

하루한장 쏙셈

쏙셈 시작편
초등학교 입학 전 연산 시작하기
[2책] 수 세기, 셈하기

쏙셈
교과서에 따른 수·연산·도형·측정까지 계산력 향상하기
[12책] 1~6학년 학기별

쏙셈+플러스
문장제 문제부터 창의·사고력 문제까지 수학 역량 키우기
[12책] 1~6학년 학기별

쏙셈 분수·소수
3~6학년 분수·소수의 개념과 연산 원리를 집중 훈련하기
[분수 2책, 소수 2책] 3~6학년 학년군별

하루한장 한자

그림 연상 한자로 교과서 어휘를 익히고 급수 시험까지 대비하기
[4책] 1~2학년 학기별

하루한장 한국사

큰별★쌤 최태성의 한국사
최태성 선생님의 재미있는 강의와 시각 자료로
역사의 흐름과 사건을 이해하기
[3책] 3~6학년 시대별

하루한장 ENGLISH BITE

ENGLISH BITE 알파벳 쓰기
알파벳을 보고 듣고 따라쓰며 읽기·쓰기 한 번에 끝내기
[1책]

ENGLISH BITE 파닉스
자음과 모음 결합 과정의 발음 규칙 학습으로
영어 단어 읽기 완성
[2책] 자음과 모음, 이중자음과 이중모음

ENGLISH BITE 사이트 워드
192개 사이트 워드 학습으로 리딩 자신감 키우기
[2책] 단계별

ENGLISH BITE 영문법
문법 개념 확인 영상과 함께 영문법 기초 실력 다지기
[Starter 2책, Basic 2책] 3~6학년 단계별

ENGLISH BITE 영단어
초등 영어 교육과정의 학년별 필수 영단어를
다양한 활동으로 익히기
[4책] 3~6학년 단계별

초등 교과서 발행사 미래엔의
교재로 초등 시기에 길러야 하는
공부력을 강화해 주세요.

기초를 탄탄하게! 최상위권 문제까지!

초등 수학 완전 정복 프로젝트

쏙셈으로 가볍게 연산 원리를 익혀요

1~6학년 학기별 총 12책

1~6학년 학기별 총 12책

교과 연산력을 키우는 연산 기본편

매일매일 한 장씩 교과서 연계 연산력을 키우는 쏙셈으로 초등 수학의 기초를 탄탄히 세울 수 있습니다.

연산 응용력을 강화하는 연산 실력편

문장제를 이해하고 해결하는 과정을 반복하여 수학적 사고력과 문제 해결력을 키우고 상위권으로 도약할 수 있습니다.